ARCHIMATHS

AF894149

CP

Delphine Dumet
Conseillère pédagogique

Delphine Feid
Professeure des écoles

Séverine Vidal
Auteure jeunesse

Loïc Méhée
Illustrateur

Sous la coordination de
Christophe Bolsius
Inspecteur de l'Éducation Nationale
Académie de Nancy-Metz

Conseiller en didactique des mathématiques
Thierry Dias
Professeur Formateur à la Haute École
Pédagogique du canton de Vaud (Suisse)

MAGNARD

www.archimaths.magnard.fr

Remerciements

Tout au long de son élaboration, ARCHIMATHS a bénéficié de nombreux conseils de la part d'enseignantes et d'enseignants en classe de CP. Les Éditions Magnard les remercient vivement pour ce travail collaboratif.

Armelle BEAUCOURT, NEUVIREUIL (62) • Evelyne BILLEY, BAGES (66) • Carine BROCQUET, HAZEBROUCK (59) • Émeline BUCCAFURRI, SÈTE (34) • Céline BURGY, PANTIN (93) • Sandra CARVALHO, NOISY-LE-GRAND (93) • Katty CHAMBERLIN, CHOISY-AU-BAC (60) • Aurélie COILLE, MONTLUÇON (03) • Danny COMTESSE, MONTRY (77) • Isabelle COSTA, IMPHY (58) • Christelle COUTURIER, BEAUFORT (38) • Cécile DELÉGLISE, SAINT-MARTIN-EN-BRESSE (71) • Véronique DUMEZ, ÉPERNAY (51) • Roxane FOUQUET, FONTAINES (71) • Florence FREYMANN, PISEUX (27) • Nathalie GLUCK, ELBEUF-SUR-ANDELLE (76) • Magali JEAN, MARANGE-SILVANGE (57) • Ingrid JULLIAN, CRUAS (07) • Isabelle LECLERC, MAREUIL-SUR-CHER (41) • Stéphanie LEGENDRE, BAGNOLET (93) • Sabine LEGROU, VILLENEUVE-D'ASCQ (59) • Anne-Sophie LENARDUZZI, AUBE (61) • Isabelle LEVIER, SAINT-MAUR-DES-FOSSÉS (94) • Mélanie MAURY, MEAUX (77) • Élisabeth MOREAU, GRAVELINES (59) • Lara MOUTIER, CONDÉ-SUR-VESGRE (78) • Christine NABUNSKY, SAINT-AVOLD (57) • Gauthier NACKERS, SOISSONS (02) • Nathalie PEROINE, JARVILLE-LA-MALGRANGE (54) • Marie-Édith RAFFLEGEAU, QUIMPER (29) • Cécile SOROSINA, CESSON-SÉVIGNÉ (35) • Élisabeth SZECSKO-LACOSTE, GARDANNE (13) • Dorothée THOORIS, LILLE (59) • Nathalie TRÉMOULET, PLOEMEUR (56) • Anne TITRAN, CAMBRAI (59) • Christelle UHRING, ROSIÈRES-AUX-SALINES (54) • Christiane VIACAVA, PARIS (75) • Carine VIALATTE, BELMONT (38)

L'éditeur remercie Élodie Barré pour sa collaboration.

Retrouvez en accès direct et gratuit une courte **vidéo** de Thierry Dias sur **la construction du nombre en 5 étapes**, à regarder avec vos élèves.

© **Éditions Magnard 2019**, 5 Allée de la 2e D.B., 75015 Paris • ISBN : 978-2-210-50509-4

Avant-propos

ARCHIMATHS est une méthode d'enseignement des mathématiques qui vise à installer les apprentissages mathématiques de façon progressive et sereine, et à donner aux élèves l'envie d'apprendre et de progresser. Le rôle de la manipulation y est central, comme préconisé dans les travaux du didacticien **Thierry Dias**[1].

Depuis la première édition du fichier CP, les préconisations du rapport Villani-Torossian, les programmes ajustés en 2018[2] ainsi que les **remarques des enseignants utilisateurs du fichier** ont fait évoluer **ARCHIMATHS**.

Un environnement motivant construit par périodes

En début de chaque période, une situation de recherche initiale, **En route pour l'aventure**, propose deux **défis mathématiques** sous forme d'histoires afin de susciter chez les élèves le **goût du raisonnement**.

Les personnages servent la dimension narrative de ces défis tout en représentant la diversité des démarches et des attitudes face à la résolution de problèmes mathématiques. Une version vidéo, en accès direct et gratuit depuis le fichier, facilite l'animation de cette phase collective.

Chaque période prévoit également plusieurs pages « **Je m'entraîne** » et un « **Bilan** ».

La résolution de problèmes et le calcul mental

La **résolution de problèmes**, avec une pratique régulière et programmée, reste au cœur d'**ARCHIMATHS** : la résolution des problèmes additifs est abordée en s'appuyant sur la typologie de G. Vergnaud, celle des problèmes multiplicatifs et de partage est présente dès la troisième période et les problèmes additifs à deux étapes sont vus à partir de la quatrième période. Un travail régulier sur les stratégies de résolution de problèmes est aussi proposé.

Le **calcul mental** est conçu de façon à entraîner les élèves à travailler sur les nombres, une fois les manipulations et les apprentissages réalisés. Une attention toute particulière est portée à la connaissance des résultats des tables d'addition et à l'appropriation de stratégies de **calcul réfléchi**, comme le préconisent les programmes.

Un dispositif complet

Des rituels évolutifs jalonnent l'année de CP et sont explicités dans le **Guide pédagogique** avec **CD-Rom banque de ressources** accompagnant la méthode. Ce guide donne toutes les informations nécessaires à la mise en place des activités de manipulation et au déroulé des séances. Des fiches prêtes à l'emploi, « **Entraînement différencié** », « **Évaluations** », « **Matériel** », « **Jeux mathématiques** » ainsi que des **corrigés**, sont à votre disposition sur le CD-Rom.

Un **Mémo des Maths**, disponible en version animée, accompagne les apprentissages en autonomie des élèves.

Nous souhaitons qu'**ARCHIMATHS** réponde à vos attentes et accompagne vos élèves au plus près de leurs besoins afin de leur permettre d'**aimer « faire des maths »** !

Les auteurs

1. Thierry Dias est le conseiller en didactique des mathématiques de la méthode Archimaths. Il est notamment l'auteur de « Manipuler et expérimenter en mathématiques » (Éd. Magnard, 2017) et de « Enseigner les mathématiques à l'école » (Éd. Magnard, 2018).
2. *Bulletin Officiel*, n° 30 du 26 juillet 2018.

Sommaire

Nombres et calculs
Espace et géométrie
Grandeurs et mesures
Résolution de problèmes

Les JEUX MATHÉMATIQUES associés à chaque période sont disponibles sur le CD-Rom du Guide pédagogique.

PÉRIODE 4

EN ROUTE POUR L'AVENTURE !

PÉRIODE 5

EN ROUTE POUR L'AVENTURE !

Progression par domaine

Nombres

- **1** **De la GS au CP :** Dénombrer des collections de 1 à 5 objets
- **2** **De la GS au CP :** Comparer des collections : plus de, moins de, autant de
- **5** **De la GS au CP :** Dénombrer des collections de 1 à 9 objets
- **6** Constituer des collections de 1 à 9 objets
- **7** Comparer, ranger, ordonner les nombres jusqu'à 9
- **11** Construire le répertoire additif jusqu'à 5
- **13** Décomposer le nombre 6
- **14** Décomposer le nombre 7
- **19** Itérer une suite de 1 en 1
- **20** Décomposer le nombre 8
- **21** Décomposer le nombre 9
- **22** Avancer sur une file numérique
- **23** Repérer un rang : les nombres ordinaux jusqu'à 9
- **24** Connaître le nombre 10
- **28** Décomposer le nombre 10
- **30** Connaître les doubles jusqu'à 5 + 5
- **31** Construire le répertoire additif jusqu'à 10
- **33** Lire et écrire les nombres de 11 à 19
- **34** Dénombrer des collections de 11 à 19
- **35** Décomposer les nombres en 10 + ...
- **37** Grouper par 10 (1)
- **39** Grouper par 10 (2)
- **39** Grouper par 10 (3)
- **40** Comprendre les notions de dizaines et unités
- **49** Ordonner les nombres jusqu'à 19
- **50** Comparer et ranger les nombres jusqu'à 19
- **51** Construire des collections à partir de décompositions (1)
- **52** Échanger 10 unités contre 1 dizaine
- **57** Construire la carte d'identité du nombre
- **58** Connaître les nombres de 20 à 29
- **59** Connaître les nombres de 30 à 39
- **62** Construire des collections à partir de décompositions (2)
- **66** Comparer et ranger les nombres jusqu'à 39
- **67** Compléter à la dizaine supérieure
- **68** Connaître les doubles jusqu'à 10 + 10
- **69** Compléter un tableau à double entrée
- **77** Connaître les nombres de 40 à 49
- **78** Connaître les nombres de 50 à 59
- **79** Comparer et ranger les nombres jusqu'à 59 : signes < et >
- **85** Construire des collections à partir de décompositions (3)
- **86** Construire le tableau des nombres jusqu'à 59
- **93** Connaître les nombres de 60 à 69
- **94** Connaître les nombres de 70 à 79
- **95** Connaître les moitiés
- **96** Écrire un nombre sous différentes formes
- **101** Connaître les nombres de 60 à 79
- **102** Comparer et ranger les nombres jusqu'à 79
- **113** Reconnaître des nombres pairs et impairs
- **119** Connaître les nombres de 80 à 89
- **120** Connaître les nombres de 90 à 99
- **121** Construire des collections à partir de décompositions (4)
- **124** Connaître les nombres de 80 à 99
- **125** Construire le tableau des nombres jusqu'à 99
- **130** Comparer et ranger les nombres jusqu'à 99
- **131** Connaître le nombre 100 (1)
- **132** Connaître le nombre 100 (2)
- **135** **Vers le CE1 :** Découvrir les nombres à partir de 100

Calculs

- **9** Comprendre le sens de l'addition
- **10** Utiliser le symbole +
- **15** Comprendre le sens de = et ≠
- **41** Comprendre le sens de la soustraction (1)
- **42** Comprendre le sens de la soustraction (2)
- **43** Utiliser le symbole –
- **46** Ajouter ou retrancher des petits nombres
- **70** Construire la table d'addition (1)
- **71** Additionner des petits nombres
- **72** Utiliser les doubles pour calculer
- **75** Utiliser 10 pour calculer
- **80** Calculer avec les nombres jusqu'à 20
- **87** Ajouter ou retrancher 10
- **88** Ajouter ou retrancher des dizaines entières
- **89** Construire la table d'addition (2)
- **104** Poser l'addition en colonnes (1)
- **105** Poser l'addition en colonnes (2)
- **111** Retrancher un petit nombre
- **115** Calculer mentalement des sommes
- **128** Poser l'addition en colonnes avec retenue (1)
- **129** Poser l'addition en colonnes avec retenue (2)

Grandeurs et mesures

Résolution de problèmes

Espace et géométrie

Archi

L'ami de Nino et Lali

✔ Gourmand, maladroit, très généreux et plein d'humour !

Nino

✔ Rêveur et observateur.

✔ Préfère réfléchir avant d'agir.

Lali

✔ Aime bien l'aventure et l'action.

✔ Toujours partante pour relever les défis.

EN ROUTE POUR

Défi animé
lienmini.fr/archicp1

Défi 1 *Dénombrer des collections*

L'AVENTURE !

Défi animé
lienmini.fr/archicp2

Défi 2 *Dénombrer et comparer des collections*

Trophée

De la GS au CP

1 Dénombrer des collections de 1 à 5 objets

Manipulation
Guide p. 14

CALCUL MENTAL
Faire énoncer chaque nombre en pointant la file numérique (dans l'ordre, puis à rebours).

....

1 **Relie** chaque nombre à une collection de Nino.

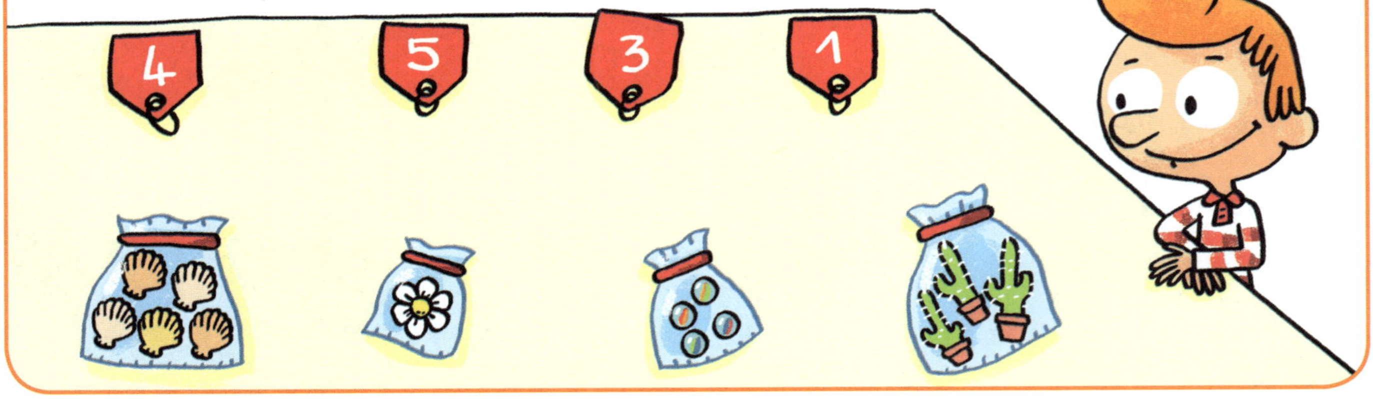

2 **Dessine** le nombre de ronds.

5

3

4

3 **Relie.**

5
3
4
2

4 **Colorie** de la même couleur ce qui indique le même nombre.

3 5 1 2

5 **Colorie** le nombre de doigts.

4 2 5 1

Compétence : Dénombrer, constituer des collections.

2 Comparer des collections : plus de, moins de, autant de

Manipulation
Guide p. 16

CALCUL MENTAL
Énoncer les nombres de 1 à 5 dans le désordre. → Faire écrire chaque nombre.

....

1

Relie chaque enfant à une image.

Colorie la bonne réponse.

Il y a [moins de / autant de / plus de]  que de .

2

Entoure la boîte où il y a le moins de chocolats.

Entoure le vase où il y a le plus de fleurs.

3

Observe ces 4 billes.  **Dessine :**

moins de billes	**autant de** billes	**plus de** billes

4

Observe la tour de cubes.

Entoure la boîte qui a autant de cubes que la tour.

5

Écris le nombre d'objets.

 ......

 ......

 ......

Compétence : Comprendre et savoir utiliser à bon escient des expressions.

3 Se repérer dans l'espace : devant, derrière, entre

Manipulation
Guide p. 18

CALCUL MENTAL
Faire écrire le nombre de doigts montrés (entre 1 et 5).

....

1 Relie.

est devant .	*est derrière* .	*est entre* *et* .

2 Dessine : un ballon devant Lali ; une fleur derrière Nino.

3 Colorie la voiture derrière la voiture verte.

4 Colorie la bonne réponse.

1	2	3	4	5

4 *est entre* 1 *et* 3 . *oui* *non*

3 *est entre* 2 *et* 4 . *oui* *non*

5 Observe ces 3 croix ✕ ✕ ✕. Dessine :

moins de croix	**autant de** croix	**plus de** croix

Compétence : Situer les uns par rapport aux autres des objets ou des personnes en utilisant un vocabulaire précis.

4 Se repérer dans l'espace : sur, sous, au-dessus, en dessous

Manipulation
Guide p. 20

CALCUL MENTAL
Énoncer deux nombres (ex. : 1-4).
➔ Faire écrire le 2e nombre.

| .... | .... | .... | .... | .... |

1 **Colorie** la bonne réponse.

est | au-dessus | en dessous | de

est | sur | sous | le

est | sur | sous | la

2 **Entoure** la bonne réponse.

Le est au-dessus des . | oui | non

Les sont au-dessus des . | oui | non

Le est sous les . | oui | non

3 **Colorie** les ☐ de la bonne couleur.

Le ☐ est en dessous du ☐ et au-dessus du ☐.

Le ☐ est au-dessus du ☐.

Le ☐ est en dessous du ☐.

Compétence : Situer les uns par rapport aux autres des objets ou des personnes en utilisant un vocabulaire précis.

5 De la GS au CP
Dénombrer des collections de 1 à 9 objets

➔ Manipulation
Guide p. 22

CALCUL MENTAL
Énoncer deux nombres entre 1 et 5.
➔ Faire écrire le plus grand.

……… ……… ……… ……… ………

1 Colorie le nombre qui convient.

5 6 7

5 6 7

4 5 6

7 8 9

7 8 9

2 Dessine le bon nombre de croix.

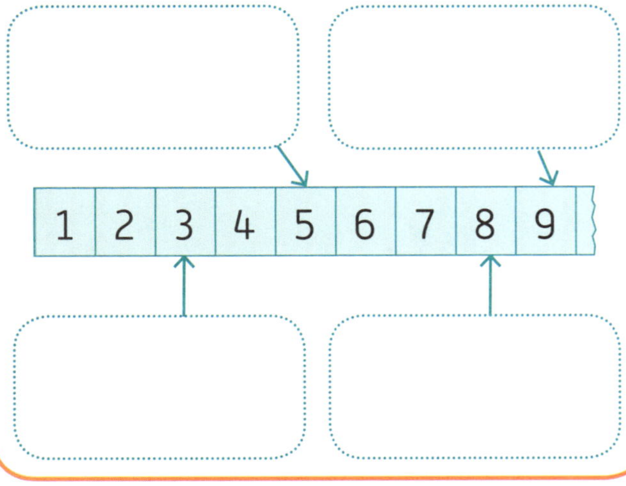

3 Relie.

7 •

9 •

6 •

8 •

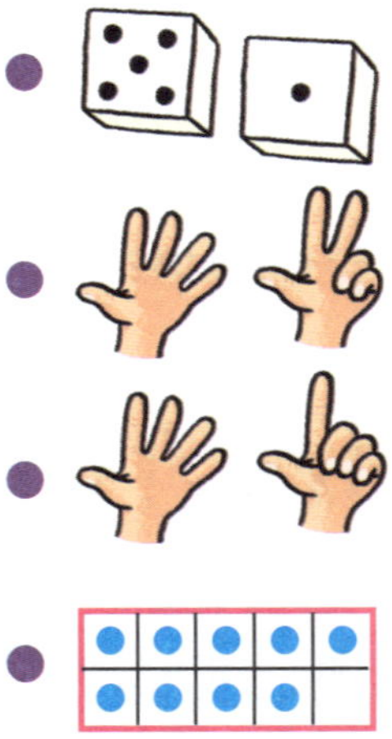

4 Écris le nombre d'objets.

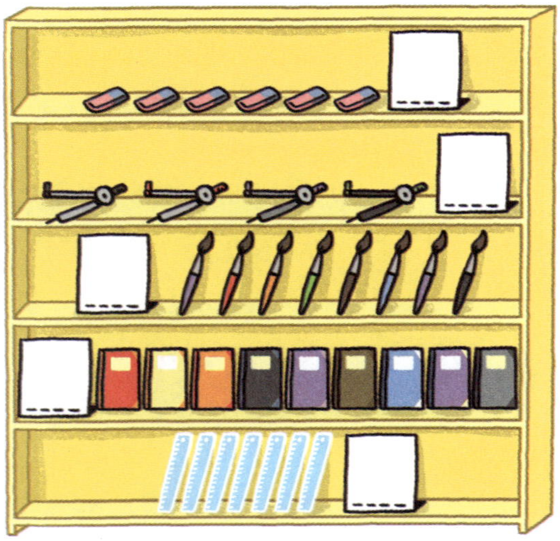

5 Entoure un enfant derrière Archi.

Compétence : Dénombrer, constituer des collections.

6 Constituer des collections de 1 à 9 objets

CALCUL MENTAL
Dicter des nombres entre 1 et 9.
➔ Faire écrire le nombre.

....

Manipulation
Guide p. 24

1 **Entoure** le bon nombre de bougies pour chaque gâteau.

2 **Complète** pour faire des tours de 6 cubes.

3 **Dessine** les billes qui manquent.

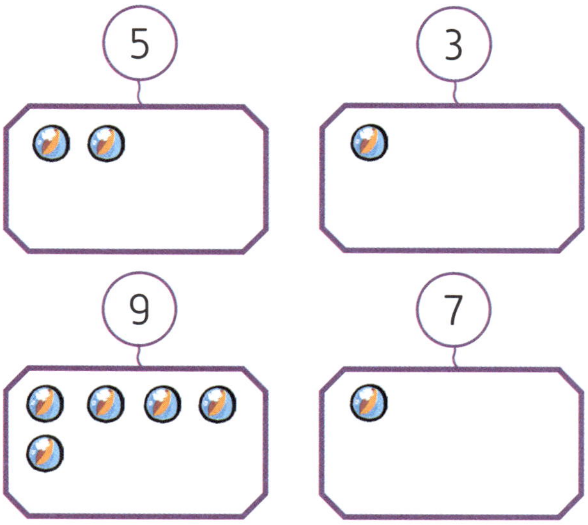

4 **Colorie** le bon nombre de points ou de doigts.

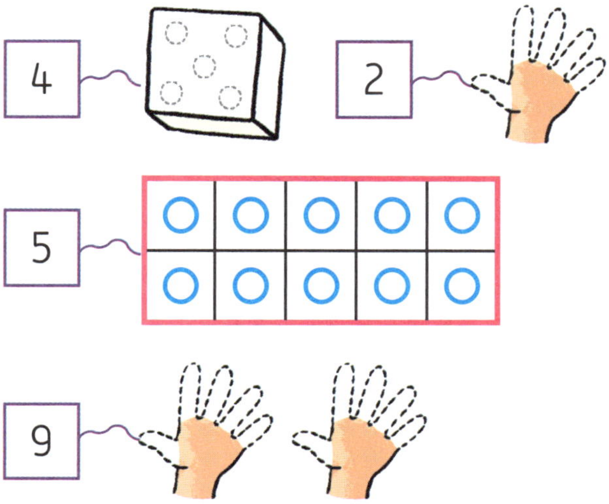

5 **Dessine** :
un rond **entre** les fruits ;
une croix **au-dessus** de chaque pot.

Compétence : Dénombrer, constituer des collections.

7 Comparer, ranger, ordonner les nombres jusqu'à 9

Manipulation
Guide p. 26

CALCUL MENTAL
Faire écrire le nombre de doigts montrés (entre 1 et 6).

....

1 Aide Archi à étendre les mouchoirs. **Écris** les nombres du plus petit au plus grand.

2 **Entoure** le nombre le plus grand.

5 9 8

4 8 5

9 7 6

3 1 7

3 **Range** les nombres du plus petit au plus grand.

7	3	5	6	4	9	8

3 – ..... – ..... – ..... – ..... – ..... – .....

4 **Barre** le canard qui n'est pas à sa place.

5 **Relie.**

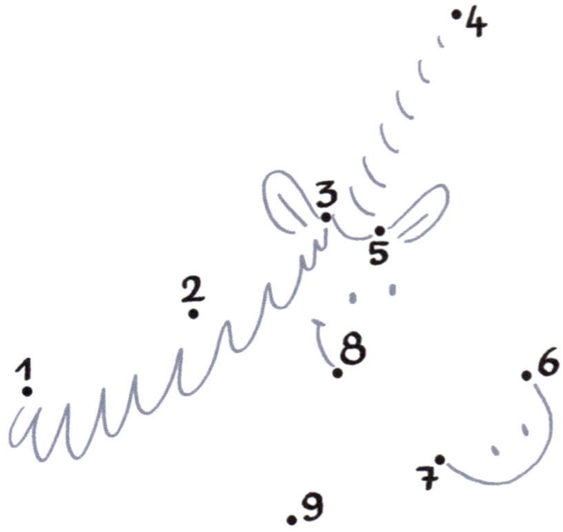

Compétence : Comparer, ranger, ordonner des nombres entiers.

8 JE M'ENTRAÎNE

1 Écris le nombre d'étoiles.

......	✳ ✳ ✳ ✳ ✳
......	✳ ✳ ✳
......	✳ ✳ ✳ ✳ ✳ ✳ ✳ ✳
......	✳ ✳ ✳ ✳ ✳ ✳

* **2** **Complète** ou **entoure** pour avoir le bon nombre de points.

7	● ● ● ● ● ● ● ● ●
4	● ● ● ● ● ●
9	● ● ● ●

* **3** **Observe** ces 6 billes.  **Dessine** :

moins de billes	**plus de** billes	**autant de** billes

* **4** **Relie**.

2 •

7 •

4 •

8 •

• 

• 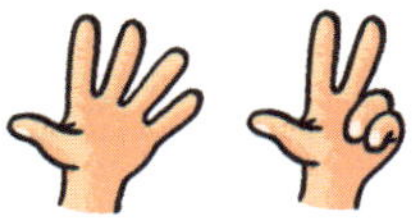

• 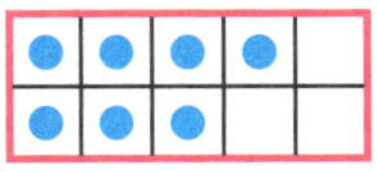

• 

* **5** **Colorie** le plus petit nombre.

2	5	7
8	4	9

* **6** **Entoure** Nino qui est sous la chaise.

Entoure Lali qui est devant la chaise.

Entoure Archi qui est entre Nino et Lali.

9 Comprendre le sens de l'addition

Manipulation
Guide p. 28

CALCUL MENTAL
Dicter des nombres entre 1 et 9.

....

1 Complète.

Il y a .... oranges en tout.

Il y a .... verres en tout.

2 Complète.

Il y a .... poissons en tout.

Il y a .... animaux en tout.

3 Complète avec le bon nombre d'enfants.

3 ......

En tout : ......

Il y a .... enfants en tout.

4 Dessine :

– **autant de** verres que d'assiettes.

– **plus de** fleurs que de papillons.

Compétence : Comprendre le sens de l'addition.

10 Utiliser le symbole +

Manipulation
Guide p. 30

CALCUL MENTAL
Énoncer un nombre. → Faire écrire le nombre qui suit.

....

1 **Complète.**

...... + ... œufs ...... + ... mûres ...... + ... gâteaux

2 **Complète.**

...... + ... moineaux

...... + ... fleurs

3 **Dessine :** 3 + 6 oiseaux

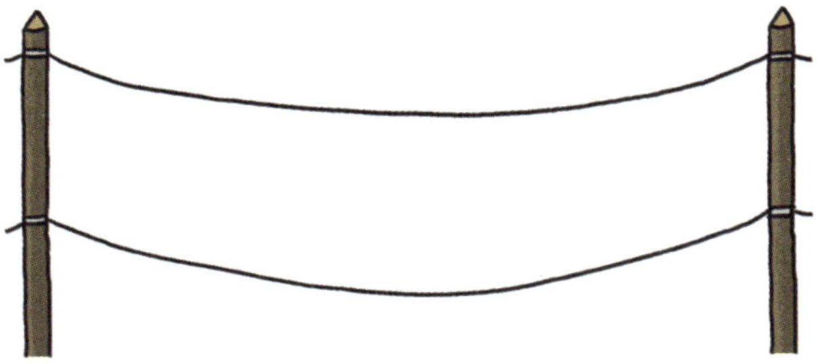

2 + 4 souris

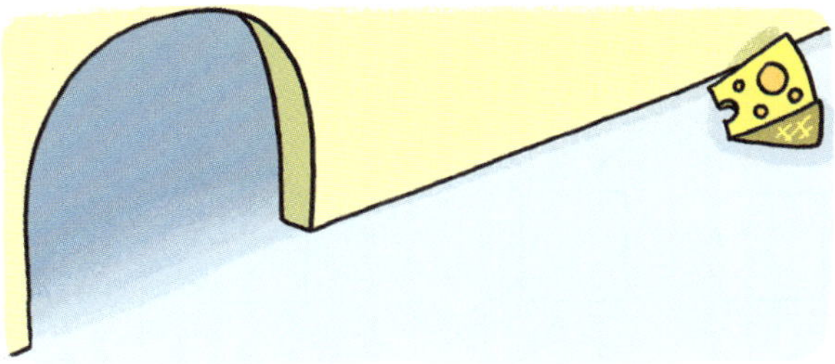

4 + 3 craies

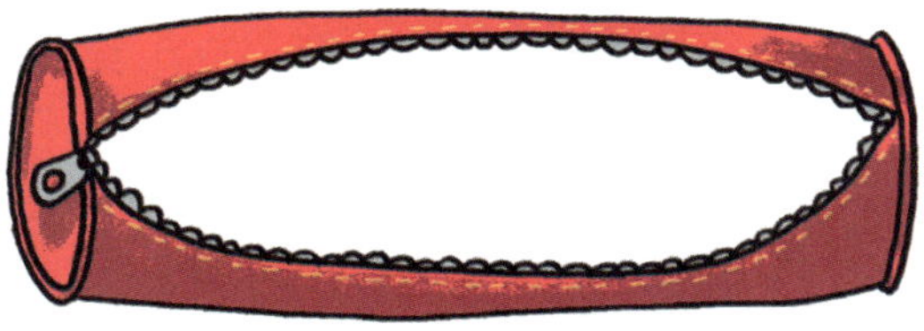

5 + 4 + 1 gommes

Compétence : Connaître le sens du symbole +.

11 Construire le répertoire additif jusqu'à 5

Manipulation
Guide p. 32

CALCUL MENTAL
Montrer les doigts sur deux mains.
➔ Faire écrire l'addition correspondante.

....

1 Qui a fait 4 ? Qui a fait 5 ? **Relie** chaque table au bon personnage.

2 **Dessine** ce qui manque et **complète** le calcul.

Il faut 3 ballons.

2 + ...

Il faut 5 bagues.

3 + ...

Il faut 5 jetons.

1 + ...

3 **Complète**.

3	5	2	4
1 + ...	...... + 2	1 + ...	0 + ...

4 **Complète** le nombre de croix et **écris** le nombre qui manque.

2 — 5 — 6 — ...... — 9

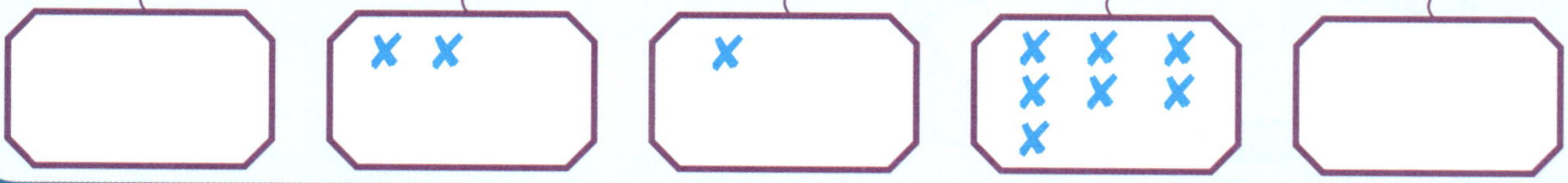

Compétence : Calculer avec des nombres entiers.

12 Utiliser la règle pour tracer

Manipulation
Guide p. 34

CALCUL MENTAL
Énoncer des additions (3 + 2).
➔ Faire écrire le résultat.

....

1 Aide Archi à reproduire son dessin.
Trace en suivant les pointillés.

2 **Trace** en reliant les points.

3 **Trace** en reliant les points de la même couleur.

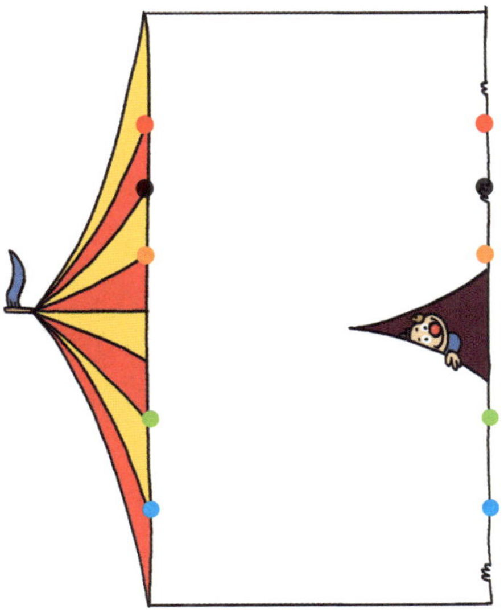

4 **Continue** la frise en reliant les points de la même couleur.

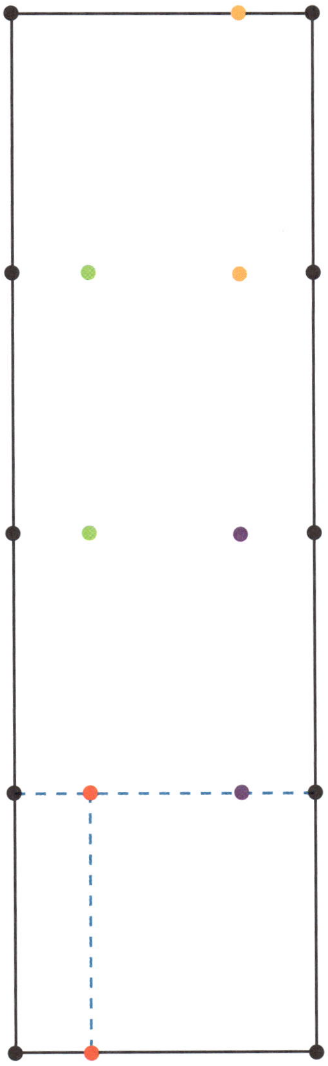

Compétence : Utiliser la règle comme instrument de tracé.

13 Décomposer le nombre 6

Manipulation
Guide p. 36

CALCUL MENTAL
Énoncer des phrases du type :
Vous avez 2, combien faut-il pour aller à 4 ?

....

1 **Entoure** les enfants qui font 6 avec leurs mains.

2 **Dessine** et **complète** les calculs pour faire 6.

4 + ... = 6

3 + ... = 6

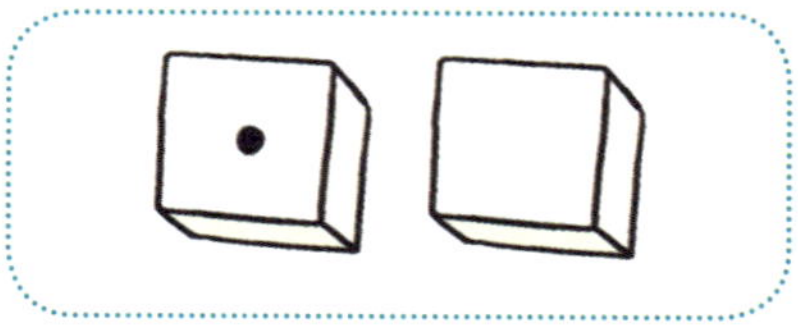

1 + ... = 6

3 Six enfants jouent ensemble. Combien sont cachés ? **Complète**.

Il y a .... enfants cachés car

...... + ... = 6.

Il y a .... enfants cachés car

...... + ... = 6.

4 **Complète** la maison du 6.

5 **Colorie** comme l'exemple.

cinq 5 trois 2

4 quatre deux 6

six 3

Compétence : Calculer avec des nombres entiers.

14 Décomposer le nombre 7

Manipulation
Guide p. 38

CALCUL MENTAL
Énoncer des additions dont le résultat est 6.

....	....	....	....	....

1 **Entoure** les groupes d'enfants qui font 7.

2 **Entoure** pour faire 7 et **complète** les calculs.

...... + ... = 7

...... + ... = 7

...... + ... = 7

3 Nino a 7 cerises. Combien en cache-t-il dans son chapeau ?

Nino cache .... cerises car ...... + ... = 7.

4 **Complète** la maison du 7.

5 Combien comptes-tu de poissons ? ...... De tortues ? ......

15 Comprendre le sens de = et ≠

CALCUL MENTAL
Énoncer des additions dont le résultat est 7.

....	....	....	....	....

Manipulation
Guide p. 40

1 Complète.

...... = ... + ...

...... + ... = ...

...... = ... + ...

2 Complète avec = ou ≠.

4 + 2 ◯ 5

7 + 1 ◯ 6

7 ◯ 4 + 3

3 Combien de billes ? Complète.

...... + ... = ...

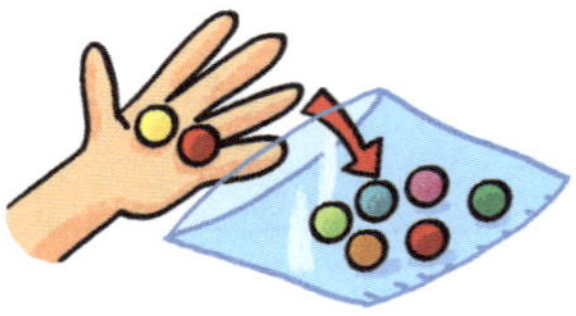

...... + ... = ...

Combien de fruits ? Complète.

...... + ... = ...

4 Trace en suivant les pointillés.

Compétence : Comprendre le sens des symboles = et ≠.

16 Apprendre à résoudre des problèmes

Manipulation
Guide p. 42

CALCUL MENTAL
Énoncer des phrases du type :
Vous avez 2, combien faut-il pour aller à 5 ?

....

1 * Il y a 2 voitures garées. 5 autres voitures viennent se garer après.
Combien y aura-t-il de voitures sur le parking ?

Il y aura .... voitures sur le parking.

2 ** La maîtresse avait une boîte de 6 feutres. Elle a jeté 2 feutres car ils ne fonctionnaient plus.
Combien de feutres la maîtresse a-t-elle maintenant ?

La maîtresse a .... feutres.

3 ** Pour la séance de sport, Nino et Lali se partagent 8 balles. Ils en veulent autant chacun.
Combien de balles a Lali ? Combien de balles a Nino ?

Lali a .... balles et Nino a .... balles.

4 ** Pour construire sa tour, Lali prend 3 cubes bleus, 2 cubes verts et 3 cubes jaunes.
Combien a-t-elle pris de cubes ?

Lali a pris .... cubes.

17 JE M'ENTRAÎNE

*** 1** **Complète.**

...... + ... pommes

...... + ... jouets

*** 2** **Complète.**

...... + ... = ...

...... + ... = ...

...... + ... = ...

**** 3** **Complète** avec **=** ou **≠**.

6 + 2 ◯ 7

7 ◯ 3 + 4

**** 4** **Complète.**

7

5 + ...

6

...... + 2

**** 5** Nino dessine 5 bonhommes. Puis il dessine 4 autres bonhommes.
Combien de bonhommes a-t-il dessinés en tout ?

Nino a dessiné .... bonhommes.

18 Se repérer dans l'espace : droite, gauche

Manipulation
Guide p. 44

CALCUL MENTAL
Énoncer des additions du répertoire additif jusqu'à 7.

....

1 Archi se promène.
Qui va-t-il rencontrer ?
Colorie le chemin et
entoure le personnage.

Voici le chemin qu'il suit :

droite • gauche • gauche • droite

2 **Entoure** :

la chaussure de gauche

la moufle de droite

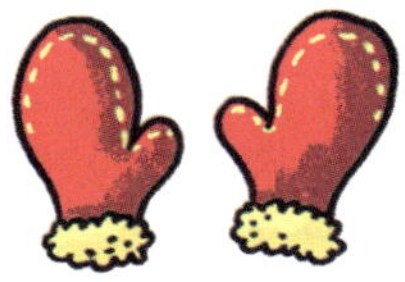

3 **Dessine** une maison à droite du chemin et une fleur à gauche.

4 **Colorie** les objets qui sont dans la main droite des enfants.

5 **Complète** avec = ou ≠.

3 + 3 6	1 + 6 7	5 + 1 6	3 + 4 6	1 + 5 7
5 + 2 6	2 + 4 7	0 + 7 7	4 + 2 6	4 + 3 7

Compétence : Situer les uns par rapport aux autres des objets ou des personnes en utilisant un vocabulaire précis.

19 Itérer une suite de 1 en 1

Manipulation
Guide p. 46

CALCUL MENTAL
Énoncer des phrases du type :
Vous avez 2, combien faut-il pour aller à 6 ?

....

1 Archi a nettoyé les porte-manteaux de l'école, mais des nombres se sont effacés !
Aide-le : **écris** les nombres qui manquent.

+1 +1 +1 +1 +1 +1 +1 +1

1	......	3	......	......	6	7	......	......

2 **Complète**.

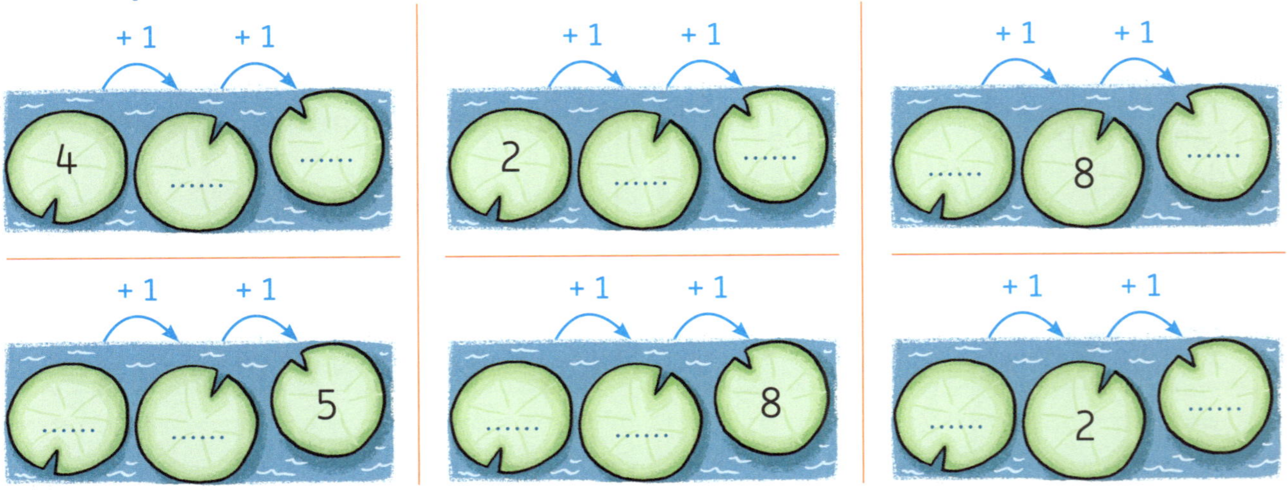

3 **Colorie** de la même couleur les cases nombres et les étiquettes.

1	2	3	4	5	6	7	8	9

4 + 1 1 + 7 5 + 1 2 + 1 1 + 6 1 + 3

4 **Dessine** la route de chaque animal.

gauche
droite
gauche

Compétence : Calculer avec des nombres entiers.

20 Décomposer le nombre 8

CALCUL MENTAL
Faire écrire le nombre à droite de 2, entre 1 et 3, etc.

....

Manipulation
Guide p. 48

1 **Entoure** quand il y a 8 jetons.

2 Il y a 8 étoiles. Combien d'étoiles cache la fée ? **Complète** les calculs.

4 + ... = 8

...... + ... = 8

...... + ... = 8

3 **Entoure** pour faire 8 et **complète** l'opération.

...... + ... = 8

...... + ... = 8

4 **Complète** la maison du 8.

5 Dans l'équipe de foot, il y a 4 filles et 3 garçons. **Combien y a-t-il d'enfants ?**

Il y a ...... *enfants en tout.*

Compétence : Calculer avec des nombres entiers.

21 Décomposer le nombre 9

Manipulation
Guide p. 50

CALCUL MENTAL
Énoncer des additions
dont le résultat est 8.

....	....	....	....	....

1 **Colorie** ce qui fait 9.

2 Il y a 9 habitants dans chaque maison. Combien sont cachés ? **Complète** les calculs.

3 + ... = 9

...... + ... = 9

...... + ... = 9

3 **Complète** la maison du 9.

4 **Colorie** comme l'exemple.

6
neuf
7
huit
quatre
six
9
cinq
5
8
4
sept

Compétence : Calculer avec des nombres entiers.

22 Avancer sur une file numérique

CALCUL MENTAL
Énoncer des additions dont le résultat est 9.

....

Manipulation
Guide p. 52

1 **Colorie** l'intérieur du cerceau dans lequel chaque enfant va arriver.

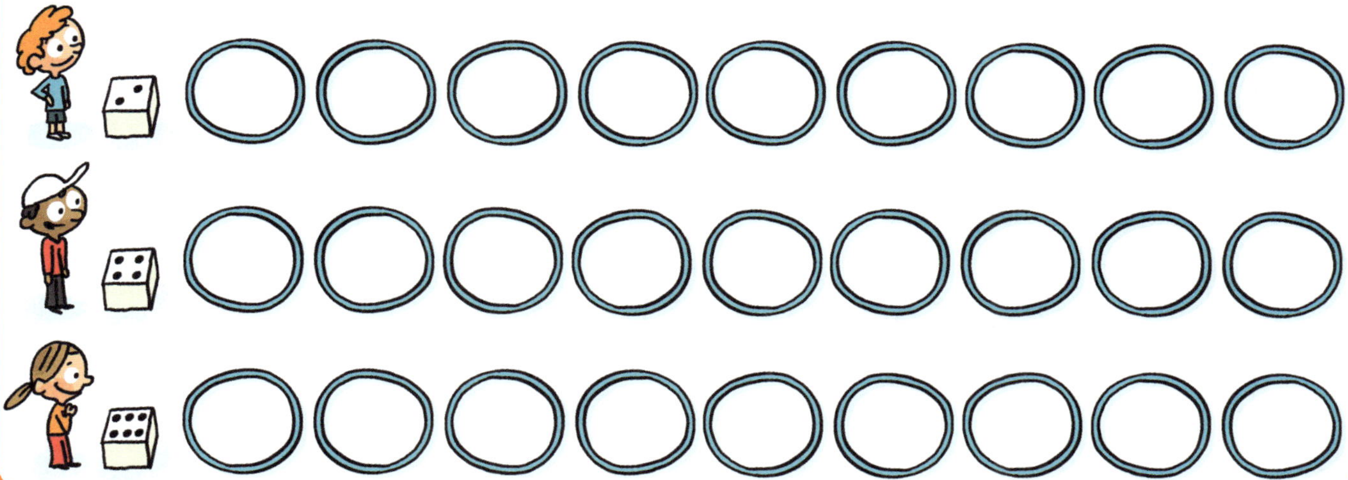

2 **Relie** comme dans l'exemple.

(1) 2 3 4	(4) 5 6 7	(3) 4 5 6 7	4 (5) 6 7
1 + 2 = 3	5 + 1 = 6	3 + 4 = 7	4 + 3 = 7

3 **Complète** les additions et **colorie** la case d'arrivée.

1 (2) 3 4 5	(1) 2 3 4 5	3 (4) 5 6 7
2 + 2 = ...	1 + 3 = ...	4 + 1 = ...

4 **Complète** les additions et **colorie** la case d'arrivée.

1 (2) 3 4 5 6 7

2 + ... = ...

(1) 2 3 4 5 6

1 + ... = ...

5 **Trace** l'étoile en reliant les points de la même couleur.

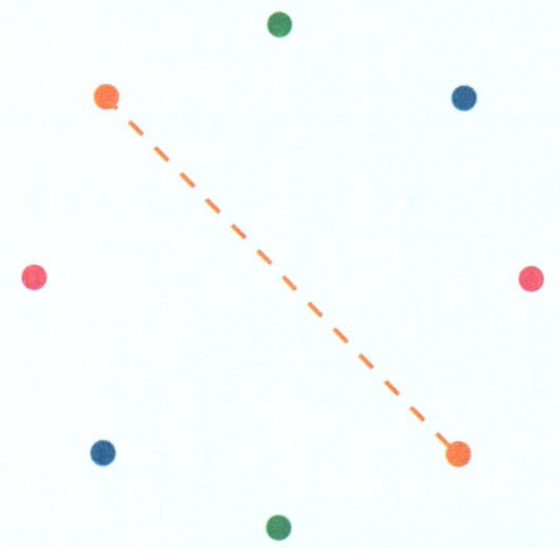

Compétence : Repérer un rang ou une position dans une file ou dans une liste.

23 Repérer un rang : les nombres ordinaux jusqu'à 9

Manipulation
Guide p. 54

CALCUL MENTAL
Énoncer des phrases du type :
Vous avez 7, combien faut-il pour aller à 9 ?

....

1 L'ami d'Archi veut être élégant. **Colorie** ses écailles en respectant le code.

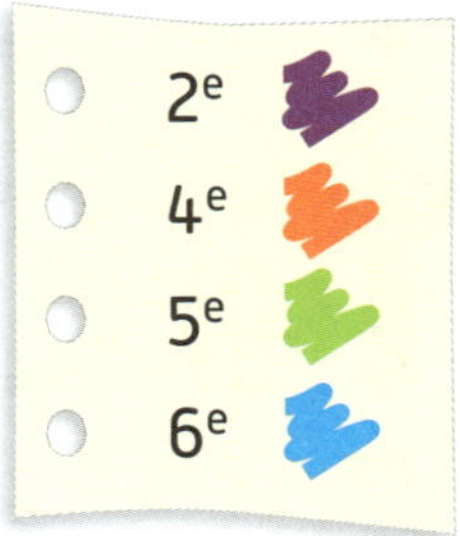

2 **Écris** l'ordre d'arrivée des nageurs.

3 D R A G O N

Écris la position des lettres :

D	G	O	A
1er	...... e	...... e	...... e

4 **Colorie** selon le code les étages de l'immeuble.

3e
5e
6e

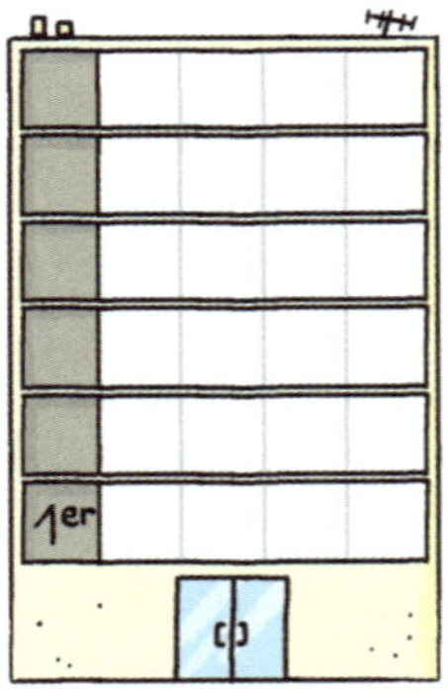

5 **Colorie** en **rouge** les calculs qui font **6** et en **vert** les calculs qui font **8**.

5 + 1 | 4 + 4 | 5 + 3 | 5 + 4 | 1 + 5 | 4 + 2

3 + 5 | 7 + 1 | 1 + 6 | 3 + 3 | 6 + 0 | 6 + 2

Compétence : Repérer un rang ou une position dans une file ou dans une liste.

24 Connaître le nombre 10

Manipulation
Guide p. 56

CALCUL MENTAL
Énoncer des devinettes du type :
Je suis sur la case 6, j'avance de 3 cases. Sur quelle case j'arrive ?

....

1 Aide Archi à rejoindre la cabane : **colorie** les cases qui font 10.

2 **Entoure** pour faire 10.

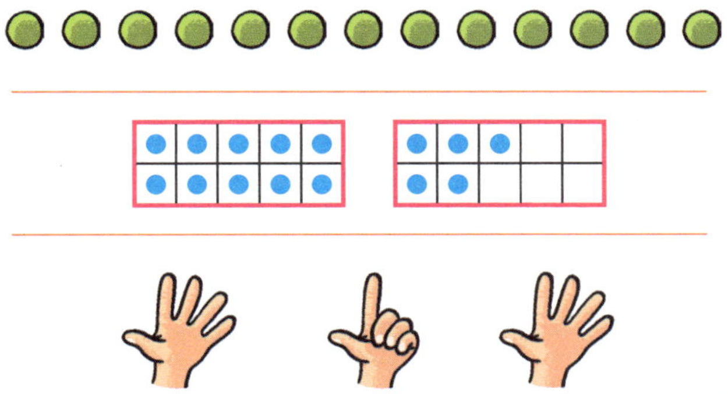

3 **Complète** pour faire 10.

4 **Entoure** un paquet de 10 objets identiques quand tu peux.

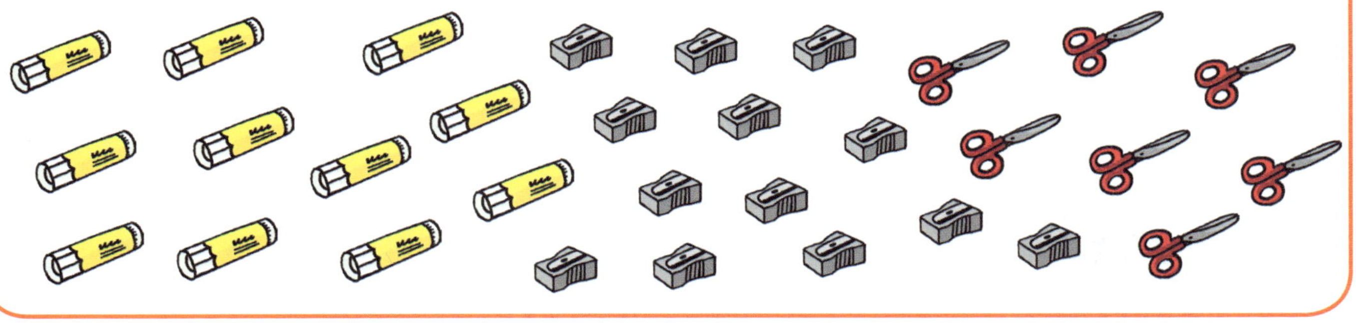

5 Je suis sur la case 7. De combien de cases dois-je avancer pour arriver sur la case 10 ?

1	2	3	4	5	6	7	8	9	10

Je dois avancer de ...... cases.

Compétence : Dénombrer, constituer des collections. Utiliser diverses représentations du nombre.

25 Résoudre des problèmes d'addition

Manipulation
Guide p. 58

CALCUL MENTAL
Montrer des collections inférieures à 10. → Faire écrire la quantité correspondante.

....

1 Pour l'anniversaire d'Archi, Nino a cueilli 3 fleurs et Lali en a cueilli 4.
Combien de fleurs Archi aura-t-il ?

Je dessine, je schématise ou j'utilise le matériel de la classe :

Je calcule : ....

Je réponds :

Archi aura .... fleurs.

2 Nino a invité des camarades chez lui. 6 camarades sont arrivés et 3 sont en retard.
Combien Nino a-t-il invité de camarades ?

Je dessine, je schématise ou j'utilise le matériel de la classe :

Je calcule : ....

Je réponds :

Nino a invité .... camarades.

3 Au jeu de l'oie, Lali est sur la case 2. Son dé affiche 6.
Sur quelle case va-t-elle arriver ?

Je dessine, je schématise ou j'utilise le matériel de la classe :

Je calcule : ....

Je réponds :

Lali arrive sur la case ....

Compétence : Modéliser des problèmes additifs.

26 JE M'ENTRAÎNE

1 **Colorie** les coffres qui sont dans la main droite des pirates.

* **2** **Complète** les suites de nombres.

6 – ...... – ......

...... – ...... – 7

...... – 4 – ......

...... – 5 – ......

7 – ...... – ......

...... – ...... – 4

* **3** **Entoure** en **rouge** ce qui fait 8 et en **bleu** ce qui fait 9.

8 + 0

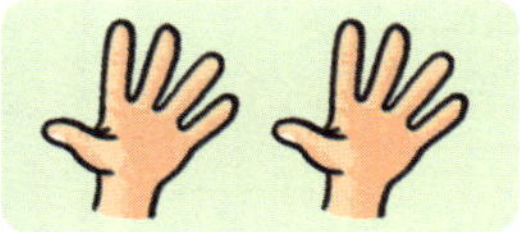

2 + 7

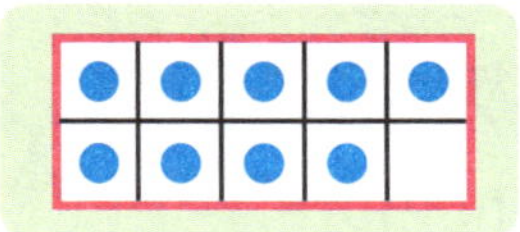

4 + 4

* **4** **Écris** la position de Lali, Nino et Archi dans la file.

1er

......e

......e

......e

* **5** **Colorie** les calculs qui font 10.

6 + 3 | 5 + 5 | 4 + 6 | 2 + 7

1 + 9 | 3 + 7 | 4 + 3 | 8 + 2

* **6** **Complète** les additions et **colorie** la case d'arrivée.

 (1) 2 3 4 5

1 + ... = ...

 3 (4) 5 6 7

...... + ... = ...

 3 4 (5) 6 7

...... + ... = ...

Séances 1 à 26

BILAN

1 Dénombrer des collections.

Complète.

....

2 Comparer des nombres entiers.

Entoure le plus grand nombre.

3 8 7

Entoure le plus petit nombre.

6 5 2

3 Ranger des nombres entiers.

Écris les nombres du plus petit au plus grand.

5 1 9 4

....

4 Utiliser les symboles mathématiques.

Complète avec **=** ou **≠**.

2 + 1 3	3 + 4 7
8 ...... 5 + 3	3 + 1 5
4 + 2 5	9 ...... 7 + 2

5 Constituer des collections.

Entoure 4 marrons.

Entoure 7 marrons.

6 Calculer avec des nombres entiers.

Colorie ce qui fait 8.

4 + 4 5 + 2 3 + 5 6 + 2

7 Calculer avec des nombres entiers.

Colorie ce qui fait 9.

3 + 6 5 + 4 2 + 2 4 + 2

8 Résoudre un problème.

Archi a ramassé 4 noix.
Puis il en a ramassé 3 autres.
Combien a-t-il de noix en tout ?

Archi a .... noix en tout.

9

Repérer un rang dans une file.

Entoure en **rouge** l'enfant qui arrive 1er et en **vert** celui qui arrive 3e.

10

Connaître le nombre 10.

Entoure ce qui fait 10.

8 + 1

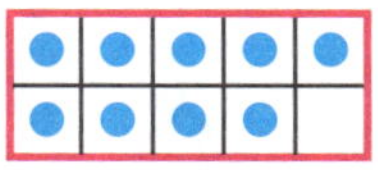

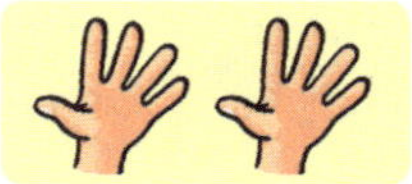

10 + 0

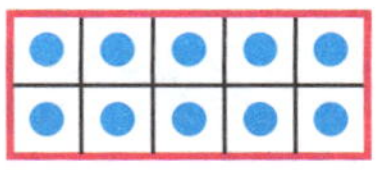

11

Situer des objets les uns par rapport aux autres.

Entoure la bonne carte.

Le cœur est **au-dessus** du trait.

Le soleil est **devant** le nuage.

12

Situer des objets les uns par rapport aux autres.

Entoure : le papillon de droite

le poisson de gauche

13

Utiliser la règle comme instrument de tracé.

Trace les traits en pointillé à la règle.

EN ROUTE POUR

Défi animé
lienmini.fr/archicp3

Défi 3 *Effectuer des groupements, puis des échanges*

L'AVENTURE !

PÉRIODE 2

Défi animé
lienmini.fr/archicp4

Défi 4 *Additionner, soustraire*

Trophée

28 Décomposer le nombre 10

Manipulation
Guide p. 62

CALCUL MENTAL
Montrer des collections inférieures à 11. → Faire écrire la quantité correspondante.

....

1 **Dessine** ce qui manque pour faire 10 et **complète** le calcul.

4 + ... = 10 7 + ... = 10 5 + ... = 10 3 + ... = 10 9 + ... = 10

2 Il y a 10 oiseaux. Combien sont cachés dans l'arbre ? **Complète**.

5 + ... = 10
.... *oiseaux sont cachés.*

...... + ... = 10
.... *oiseaux sont cachés.*

...... + ... = 10
.... *oiseaux sont cachés.*

3 **Entoure** 2 balles pour faire 10.

5 6 4 | 2 7 8

9 2 1 | 5 5 4

4 **Complète** la maison du 10.

5 **Écris** le nombre qui vient juste avant et juste après.

......	4	......

......	9	......

......	2	......

......	6	......

Compétence : Calculer avec des nombres entiers.

29 Utiliser la règle pour aligner des points

CALCUL MENTAL
Énoncer des additions dont le résultat est 10.

Manipulation
Guide p. 64

1 **Colorie**, dans chaque grille, 2 points jaunes pour qu'ils soient alignés avec le point jaune donné.

2 **Colorie** tous les points qui sont alignés avec les deux points bleus.

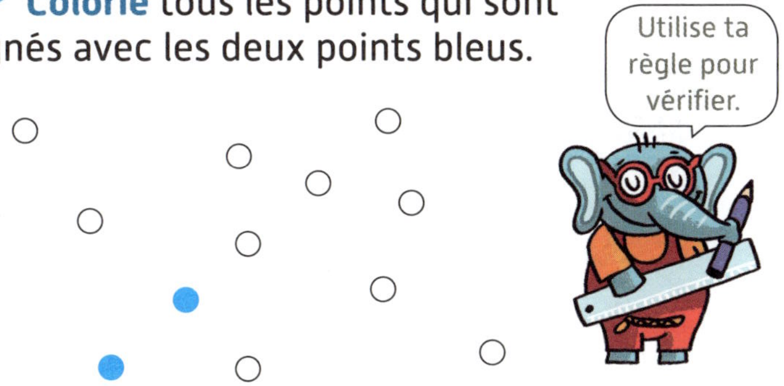

3 **Relie** les points de la même couleur s'ils sont alignés.

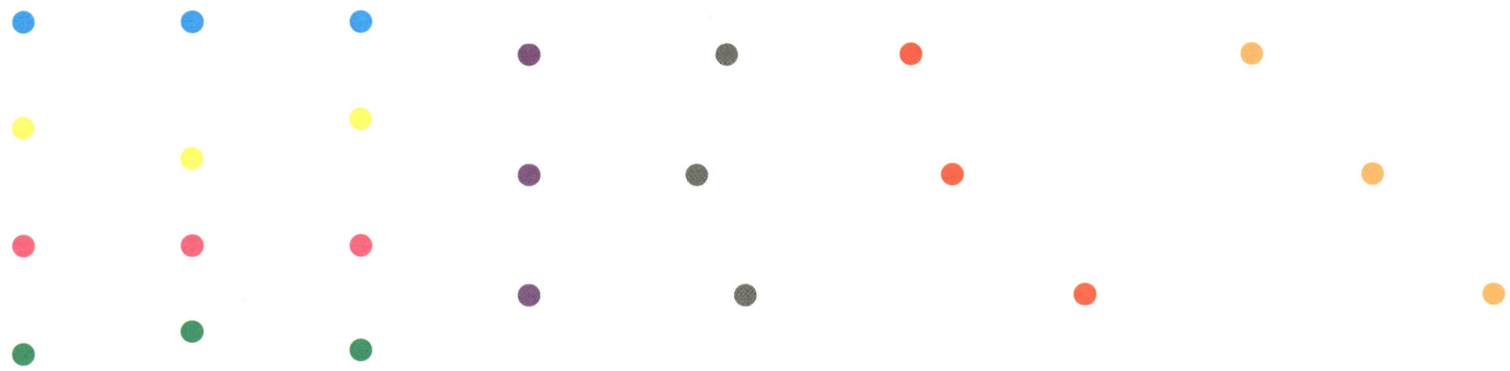

4 **Ajoute** 3 points bleus pour que tous les points bleus soient alignés. Fais de même avec les points verts.

Compétence : Utiliser la règle pour repérer ou vérifier des alignements.

30 Connaître les doubles jusqu'à 5 + 5

Manipulation
Guide p. 66

CALCUL MENTAL
Énoncer des décompositions additives des nombres de 6 à 10.

....

1 **Colorie** le bon nombre de doigts pour faire un double. **Complète** le calcul.

3 + ... = ...   2 + ... = ...   5 + ... = ...   4 + ... = ...

2 **Colorie** de la même couleur les dés et le double qui correspond.

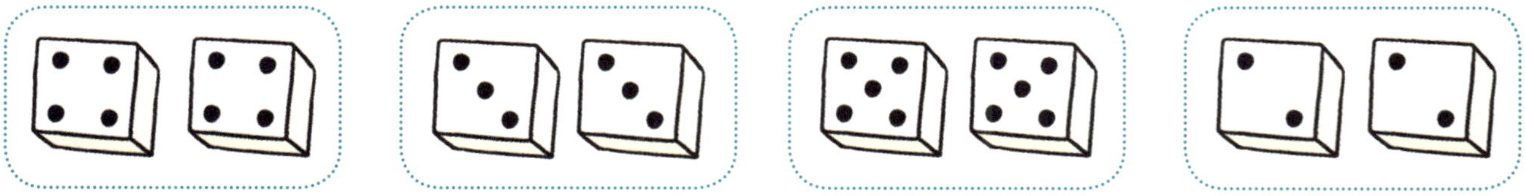

double de 4   double de 2   double de 3   double de 5

3 **Colorie** la bonne carte.

double de 1   double de 5   double de 3

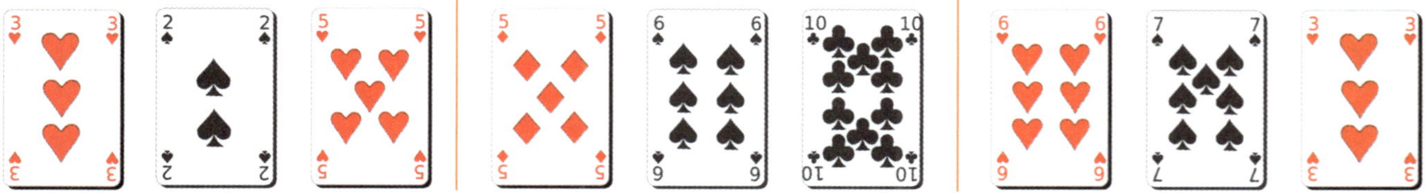

4 Nino a 4 cartes. Lali en a le double.
Dessine les cartes de Lali.

Lali a ...... *cartes.*

5 **Entoure** 10 pierres précieuses en **bleu** et 7 autres pierres en **vert**.

Compétence : Calculer avec des nombres entiers.

31 Construire le répertoire additif jusqu'à 10

Manipulation
Guide p. 68

CALCUL MENTAL
Énoncer des décompositions additives jusqu'à 10.

....

1 Aide les enfants à remettre de l'ordre dans les cartes : **entoure** tout ce qui fait 10.

8 + 2 7 + 2 4 + 5
6 + 3 5 + 5 7 + 3
9 + 1 2 + 8
4 + 4 10 + 0 5 + 3 4 + 6

2 **Entoure** 2 cartes ou 2 balles pour obtenir le nombre de la cible et **complète**.

Cible	Cartes	Balles
6	5 2 1 ...... + ... = 6	3 4 3 ...... + ... = 6
9	1 3 6 ...... + ... = ...	4 5 4 ...... + ... = ...
7	4 2 3 ...... + ... = ...	1 2 5 ...... + ... = ...

3 **Complète** avec = ou ≠.

6 ...... 4 + 3

7 ...... 5 + 2

9 ...... 4 + 5

10 ...... 1 + 8

4 Combien Plume doit-il encore trouver de pierres précieuses pour en avoir 10 ?

Plume doit trouver ...... *pierres.*

Compétence : Calculer avec des nombres entiers.

32 Découvrir les pièces et les billets (5 € et 10 €)

Manipulation
Guide p. 70

CALCUL MENTAL
Énoncer des décompositions additives jusqu'à 10.

....

1 **Relie** chaque somme au panier correspondant.

2 **Écris** la somme contenue dans chaque porte-monnaie.

...... €

...... €

...... €

3 **Entoure** ce qui est nécessaire pour acheter les objets.

4 **Colorie** de la même couleur les sommes identiques.

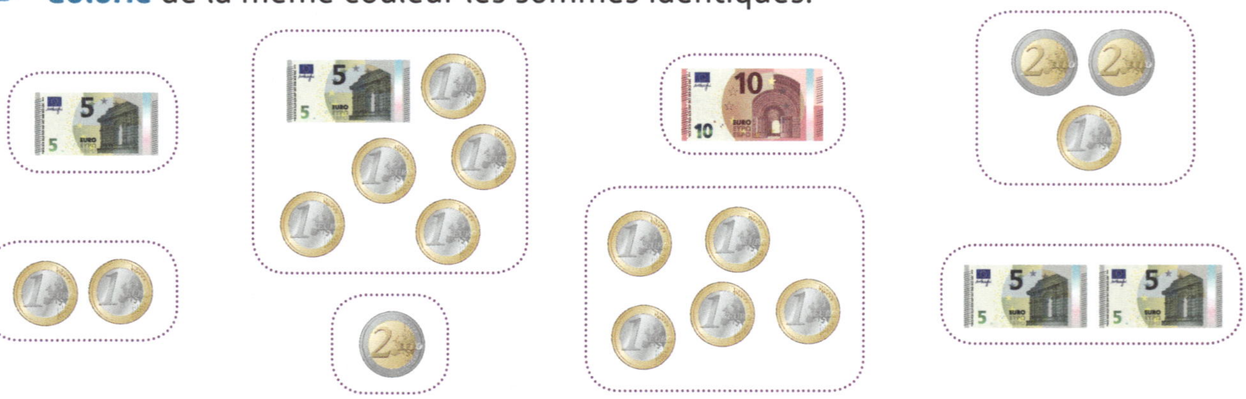

Compétence : Utiliser le lexique spécifique associé aux prix.

33 Lire et écrire les nombres de 11 à 19

CALCUL MENTAL
Montrer 3 pièces de 1 € et 1 pièce de 2 €. ➔ Faire écrire le résultat.

....

Manipulation
Guide p. 72

1 **Suis** les consignes données.

Demander d'entourer en vert le nombre 13, en rouge le nombre 19, etc.

2 **Complète** la suite des nombres.

6 – ..... – 8 – ..... – 10 – ..... – ..... – ..... – 14 – ..... – 16 – ..... – ..... – 19

3 **Entoure** ce qui fait 12.

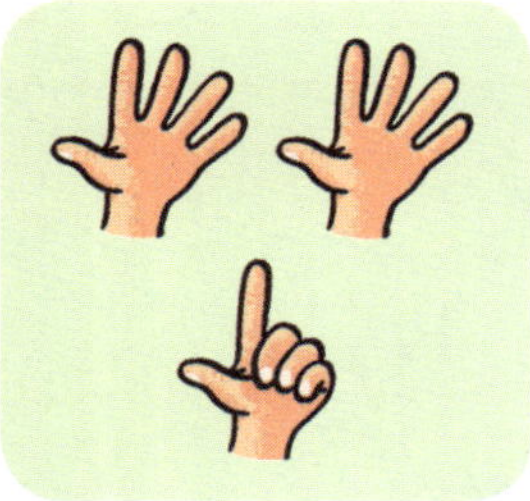

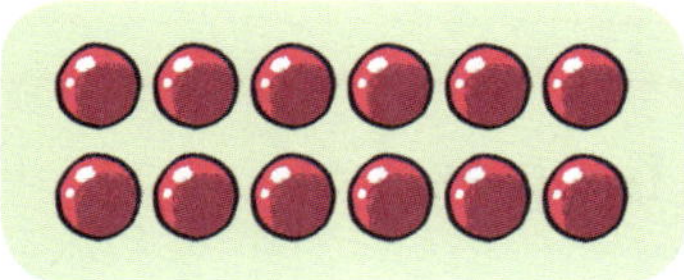

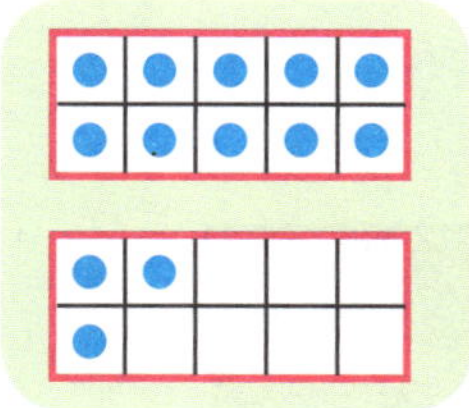

Entoure ce qui fait 18.

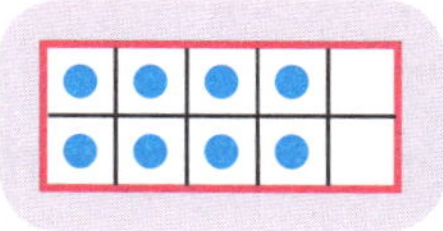

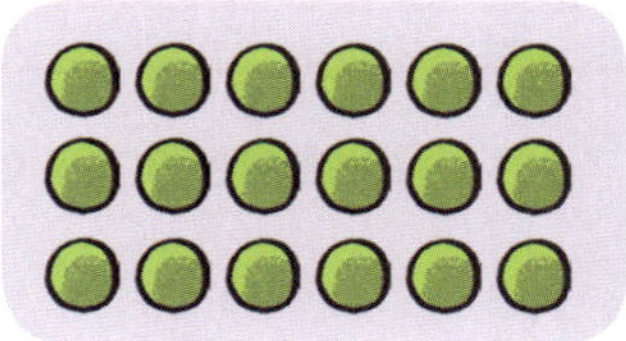

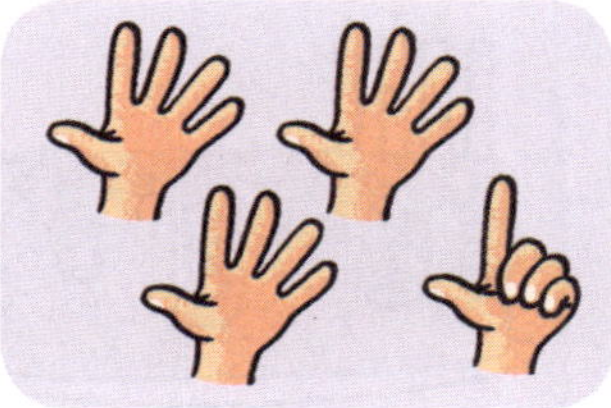

4 **Écris** en chiffres.

deux : ......
cinq : ......
quatre : ......
trois : ......

douze : ....
quinze : ....
quatorze : ....
treize : ....

5 **Combien y aura-t-il de billes dans la boîte ?**

.... = ...

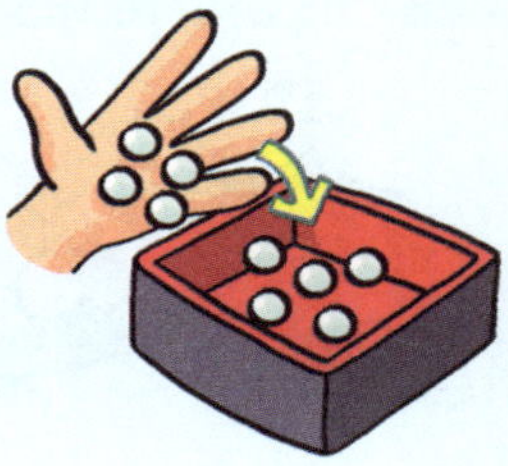

Compétence : Nommer, lire, écrire, représenter des nombres entiers.

34 Dénombrer des collections de 11 à 19

Manipulation
Guide p. 74

CALCUL MENTAL
Faire écrire le nombre avant 12, le nombre après 18, etc.

....

1 6 **Écris** en chiffres le nombre de biscuits.

2 **Dessine** :

18 pommes	12 parts de gâteau	15 œufs

3 **Dessine** pour obtenir le bon nombre de bougies.

11	17	14

4 **Colorie** les boules du 4e sapin. **Dessine** un cadeau au pied du 7e sapin.

1er

Compétence : Dénombrer, constituer des collections.

35 Décomposer les nombres en 10 + ...

CALCUL MENTAL
Énoncer des devinettes du type :
Je suis sur la case 7, j'avance de 4 cases. Sur quelle case j'arrive ?

....

Manipulation
Guide p. 76

1 **Complète** pour obtenir les nombres dans les étiquettes.

10 + ... = 13

...... + ... = 11

...... + ... = 19

2 Le gardien du zoo a rangé la nourriture par paquets de 10. **Complète.**

.... + ... = ...

.... + ... = ...

.... + ... = ...

3 **Complète.**

10 + 8 = ...
10 + 2 = ...

10 + 1 = ...
10 + 4 = ...

10 + ... = 17
10 + ... = 16

4 Le pion de Nino est sur la case 10.
Il jette le dé et arrive sur la case 15.
De combien de cases a-t-il avancé ?
Complète.

9	10	11	12	13	14	15	16	17	18	19

.... + ... = ...

Nino a avancé de .... cases.

5 **Combien d'images Lali peut-elle acheter ?**

Lali peut acheter ...... *images.*

Compétence : Nommer, lire, écrire, représenter des nombres entiers.

1 **Complète** la maison du 10.

... + ... + ...
... + ... + ...
... + ... + ...
... + ... + ...
... + ... + ...
... + ...

2 **Colorie** de la même couleur les dés pour faire 10.

3 **Colorie** les points alignés avec les 2 points jaunes. **Ajoute** un point qui sera aligné avec les deux points verts.

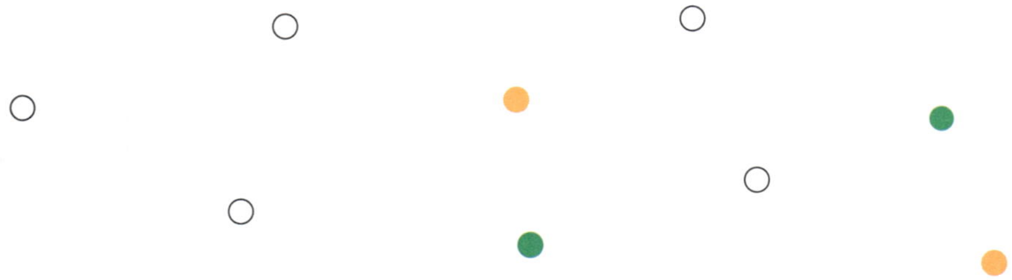

4 **Observe** les coccinelles et **complète**.

3 + ... = ...

...... + ... = ...

5 **Complète**.

...... €

6 **Dessine** 16 billes. ○

7 **Complète**.

10 + 7 = ...	10 + ... = 12
10 + 3 = ...	10 + ... = 18
10 + 5 = ...	10 + ... = 11
10 + 6 = ...	10 + ... = 14
10 + 9 = ...	10 + ... = 10

37 Grouper par 10 (1)

Manipulation
Guide p. 78

CALCUL MENTAL
Énoncer des additions sous la forme 10 + … . → Faire écrire le résultat.

……… ……… ……… ……… ………

1 Aide Nino à compter sa collection de plumes. **Entoure**-les par 10 et **complète**.

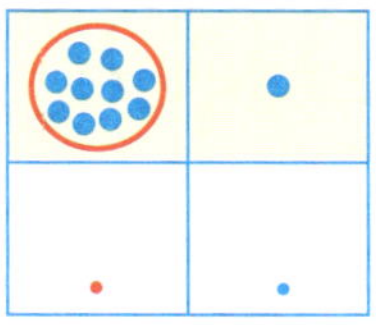

…… + …… = ……

Il y a . . plumes.

2 **Entoure** par 10 et **complète**.

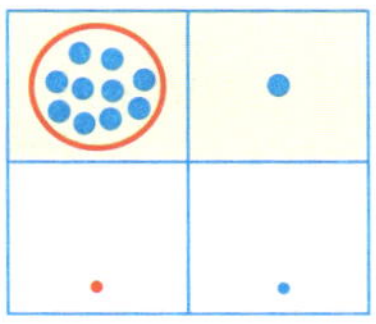

…… + …… = ……

Il y a . . coquillages.

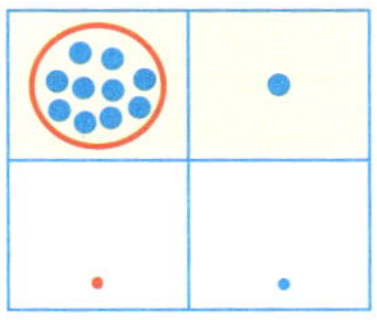

…… + …… = ……

Il y a . . citrouilles.

3 La pirate a trouvé un trésor. **Entoure** par 10 les objets du trésor et **complète**.

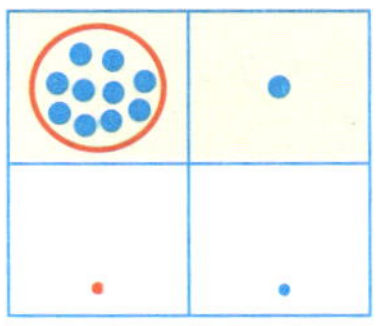

…… + …… = ……

Il y a . . pierres.

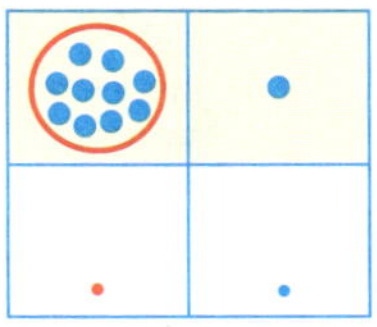

…… + …… = ……

Il y a . . bagues.

Compétence : Utiliser diverses stratégies de dénombrement.

38 Grouper par 10 (2)

CALCUL MENTAL
Énoncer des additions sous la forme 10 + … . ➔ Faire écrire le résultat.

....

Manipulation
Guide p. 80

1 Aide Lali à compter les ballons. **Colorie** chaque dizaine d'une couleur différente et **complète**.

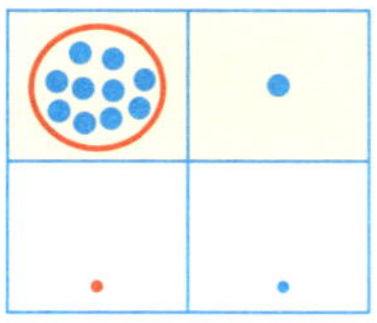

...... + ... = ...

Il y a . . ballons.

2 La pirate a trouvé des pièces d'or. **Entoure**-les par 10 et **complète**.

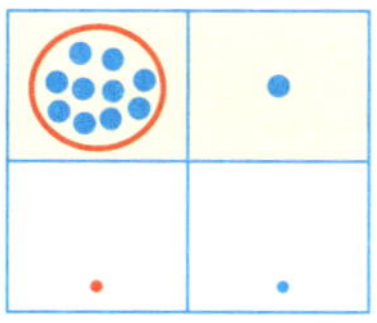

...... + ... = ...

Il y a . . pièces d'or.

3 Aide Archi à compter ses cacahuètes. **Entoure**-les par 10 et **complète**.

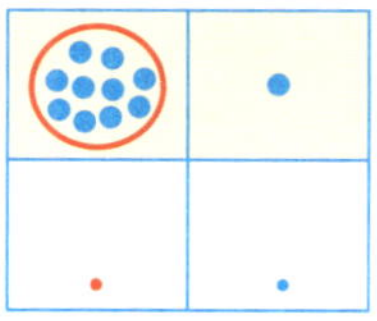

...... + ... = ...

Il y a . . cacahuètes.

4 Le maître a commandé 50 cahiers mais la livraison comporte une erreur.
Barre les paquets de 10 qui sont en trop.

Compétence : Utiliser diverses stratégies de dénombrement.

39 Grouper par 10 (3)

CALCUL MENTAL
Faire écrire le nombre avant 19,
le nombre après 12, etc.

| .... | .... | .... | .... | .... |

Manipulation
Guide p. 82

1 Combien de fleurs va ramasser Archi ? **Entoure**-les par 10 et **complète**.

Dizaines	Unités
.	.

Archi va ramasser . . fleurs.

2 **Entoure** par 10 et **complète**.

Dizaines	Unités
.	.

Il y a . . boîtes.

Dizaines	Unités
.	.

Il y a . . étoiles.

3 **Dessine** les balles qui manquent.

Dizaines	Unités
3	2

Dessine les oiseaux qui manquent.

Dizaines	Unités
2	5

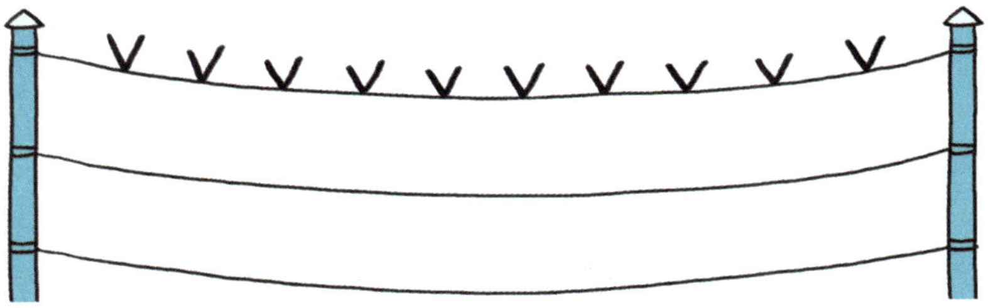

40 Comprendre les notions de dizaines et unités

Manipulation
Guide p. 84

CALCUL MENTAL
Montrer des quantités supérieures à 10, à l'aide de cartes à points.
→ Faire écrire le nombre correspondant.

....

1 **Relie** les paquets de 10 aux dizaines.

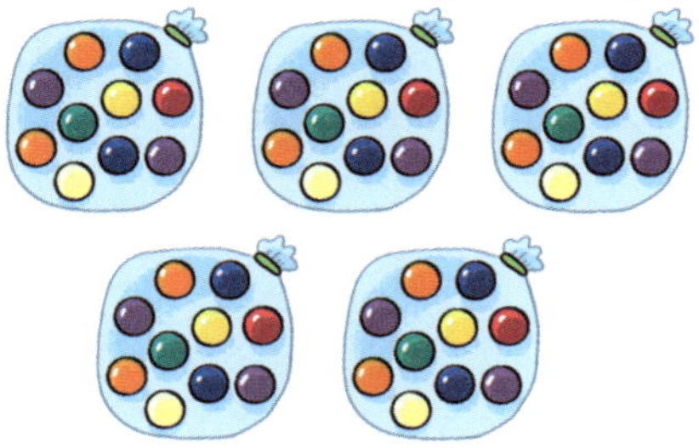

2 **Relie**.

3 dizaines et 2 unités

2 dizaines

2 dizaines et 3 unités

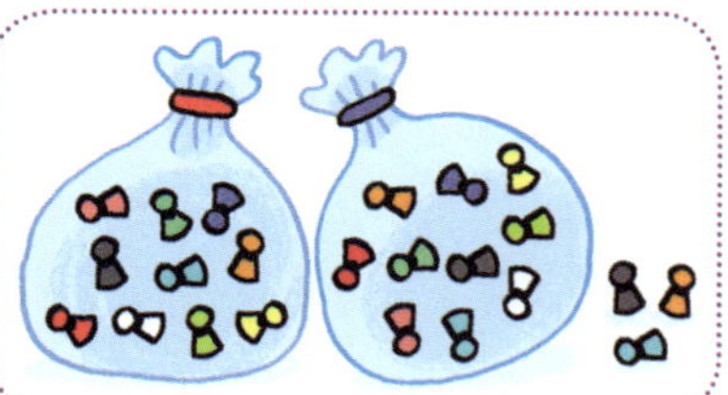

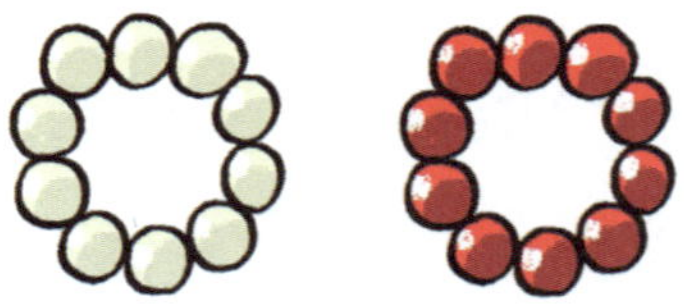

3 **Dessine** le bon nombre de points.

2 dizaines et 1 unité

4 **Colorie** le bon nombre de doigts.

1 dizaine et 2 unités

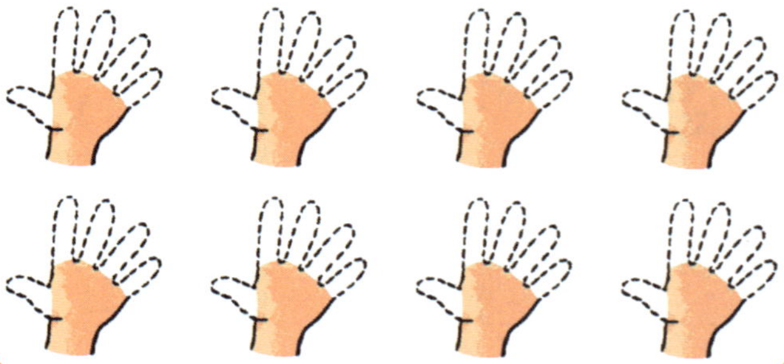

Compétence : Utiliser diverses stratégies de dénombrement.

41 Comprendre le sens de la soustraction (1)

Manipulation
Guide p. 86

CALCUL MENTAL
Énoncer : 1 dizaine et 9 unités,
2 dizaines et 6 unités, etc.
➔ Faire écrire le nombre correspondant.

....

1 Plume prend 5 diamants dans le coffre. **Combien de diamants restera-t-il ?**

Il restera .... diamants.

Plume prend 2 pépites d'or dans le sac. **Combien de pépites restera-t-il ?**

Il restera .... pépites d'or.

2 Il y a 9 poissons. **Combien de poissons sont cachés ?**

.... poissons sont cachés.

Nino a 9 coquillages. **Combien de coquillages cache-t-il dans son dos ?**

Nino cache .... coquillages.

3 Lali recule de 6 cases. Sur quelle case arrive-t-elle ? **Complète.**

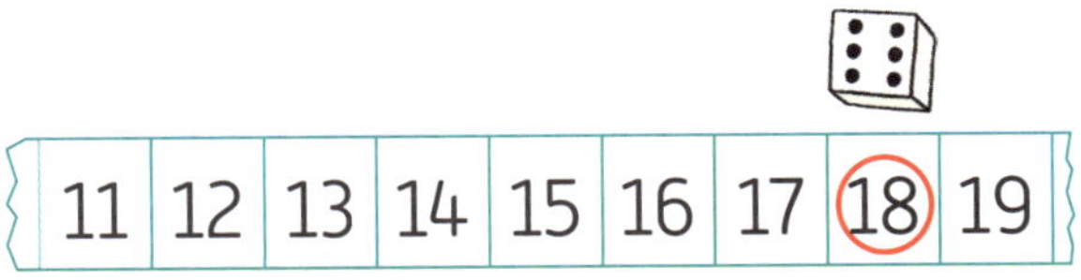

Lali arrive sur la case ....

4 **Colorie** le bon nombre de pains d'épices.

2 dizaines et 7 unités

42 Comprendre le sens de la soustraction (2)

Manipulation
Guide p. 88

CALCUL MENTAL
Énoncer : 2 dizaines et 5 unités, 4 dizaines et 8 unités, etc.
→ Faire écrire le nombre correspondant.

....

1 Archi avait 10 euros dans son porte-monnaie. Il a acheté un livre qui coûte 6 euros.
Barre les pièces qu'il a dépensées et **complète**.

Il lui reste .... euros.

2 Lali avait 16 rubans. Elle a donné plusieurs rubans à Nino. Maintenant, il lui en reste 11.
Barre les rubans qu'elle a donnés et **complète**.

Lali a donné .... rubans.

3 Lali avait 8 ballons dans la main mais 5 ballons se sont envolés.
Dessine les ballons qui restent dans la main de Lali et **complète**.

Il reste .... ballons dans la main de Lali.

4 Archi est parti de la case 16. Il est arrivé sur la case 10. **De combien de cases a-t-il reculé ?**
Complète.

10						16	17	

Archi a reculé de .... cases.

Compétence : Comprendre le sens de la soustraction.

43 Utiliser le symbole –

CALCUL MENTAL
Je suis sur la case 5, je recule de 4 cases ; sur quelle case j'arrive ?
➔ Faire écrire le résultat.

....	....	....	....	....

➔ Manipulation
Guide p. 90

1 Plume prend 3 fraises à Lali.
Combien de fraises restera-t-il ?

...... – ...... = ...

Il restera .... fraises.

Chaque enfant mange un chocolat.
Combien de chocolats restera-t-il ?

...... – ...... = ...

Il restera .... chocolats.

2 Lali veut acheter un ballon à 7 euros.
Combien d'euros lui manque-t-il ?

...... – ...... = ...

Il lui manque .... euros.

3 6 billes sont à Nino. **Combien de billes sont à Lali ?**

...... – ...... = ...

Lali a .... billes.

4 Nino recule de 5 cases. Écris le calcul et colorie la case d'arrivée.

7	8	9	10	11	12	(13)	14	15

...... – ...... = ...

Archi recule de 4 cases. Écris le calcul et colorie la case d'arrivée.

7	8	9	10	11	12	13	14	(15)

...... – ...... = ...

5 Colorie comme dans l'exemple.

11 · 15 · treize · douze · 16 · quinze · 12 · 13 · quatorze · 14 · seize · onze

Compétence : Connaître le sens du symbole –.

44 Se repérer dans la semaine

Manipulation
Guide p. 92

CALCUL MENTAL
Énoncer des soustractions simples (8 – 1, 6 – 3).
➔ Faire écrire le résultat.

....

1 Archi et Nino ont fabriqué un calendrier de l'avent. **Complète** le calendrier puis les phrases.

Aujourd'hui, Archi a ouvert la fenêtre ....
Demain, Archi ouvrira la fenêtre ....
Dans une semaine, Archi ouvrira la fenêtre ....

2 **Place** au bon endroit la date indiquée par Lali puis **complète** les cases.

lundi	mardi	mercredi	jeudi	vendredi	samedi	dimanche
....	....	....	....	....	....	....

Quel jour serons-nous dans 1 semaine ? Calcule. ....

Complète la phrase réponse.

Dans une semaine, nous serons le .... décembre.

3 **Complète** la suite des jours.

5 *décembre*	.... *décembre*	.... *décembre*	.... *décembre*
6 *décembre*	10 *décembre*	19 *décembre*	28 *décembre*
.... *décembre*	.... *décembre*	.... *décembre*	.... *décembre*

Compétence : Utiliser le lexique associé aux dates.

45 JE M'ENTRAÎNE

1 **Entoure** par 10 et **complète**.

.... + ... = ...

Il y a . . gâteaux.

2 **Colorie** le nombre de cubes indiqué dans le tableau.

Dizaines	Unités
3	1

3 Plume prend 4 bagues dans le coffre.
Combien de bagues restera-t-il ?

...... – ...... = ...

Il restera .... bagues.

Nino recule de 3 cases.
Sur quelle case arrive-t-il ?
Complète.

11	12	13	14	15	16	17	18	19

Nino arrive sur la case ....

4 La pirate a 8 pièces d'or en tout.
Combien de pièces sont dans son porte-monnaie ?

La pirate a .... pièces dans son porte-monnaie.

5 Si nous sommes le 17 décembre, quel jour serons-nous dans 7 jours ?
Complète.

Nous serons le .... décembre.

46 Ajouter ou retrancher des petits nombres

Manipulation
Guide p. 94

CALCUL MENTAL
Énoncer des dates et demander le jour d'avant ou celui d'après.
➔ Faire écrire le nombre correspondant.

....	....	....	....	....

1 **Complète** les calculs.

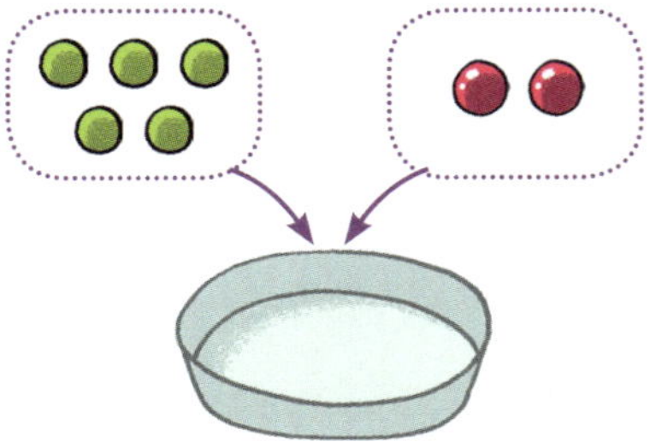

...... ◯ ...... = ...

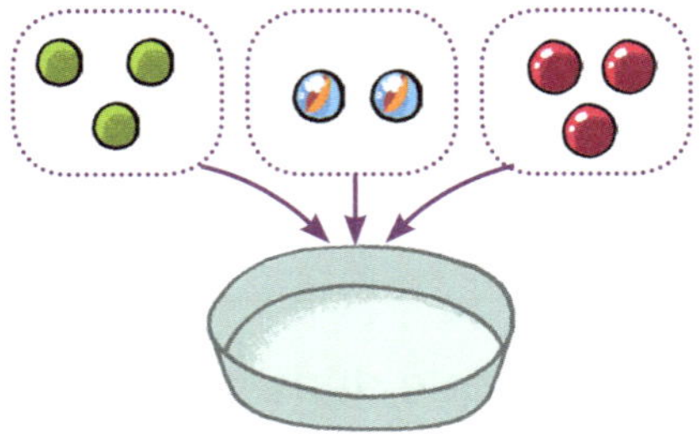

...... ◯ ...... ◯ ...... = ...

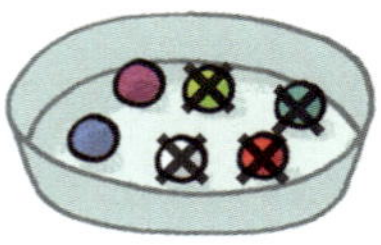

...... ◯ ...... = ...

2 **Dessine** ou **barre** les billes et **complète** les calculs.

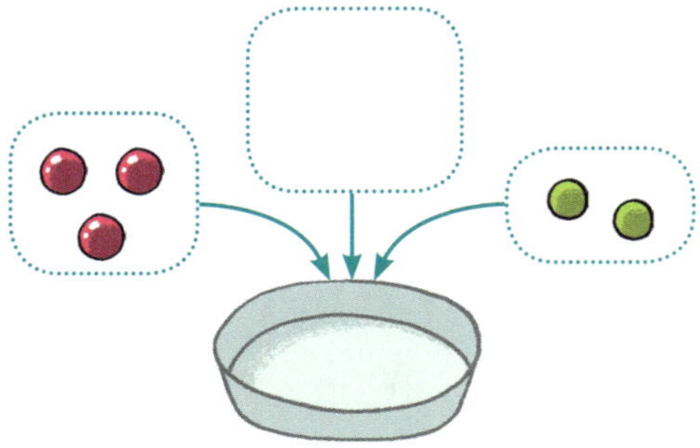

3 + ... + 2 = 8

7 – ...... = 4

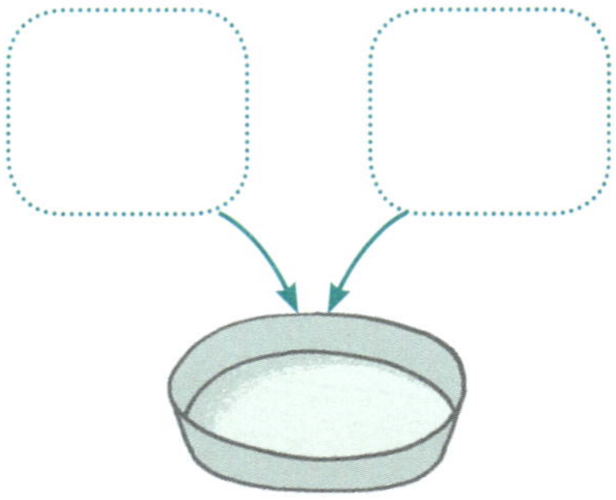

...... + ... = 8

3 **Complète** les calculs.

5 + 2 = ...	6 + 1 = ...	4 + ... = 7	...... + 3 = 6
8 – 3 = ...	7 – 1 = ...	8 – ...... = 4	...... – 5 = 2

4 Lali a gonflé 3 ballons rouges et 5 ballons verts. Mais 1 ballon a éclaté. **Combien de ballons reste-t-il ?**

Il reste .... ballons.

5 Lali et Nino veulent acheter des images à 1 €. **Qui pourra s'acheter le plus d'images ?** **Entoure** Nino ou Lali.

...... € ...... €

Compétence : Calculer avec des nombres entiers.

47 Résoudre des problèmes de soustraction

Manipulation
Guide p. 96

CALCUL MENTAL
Énoncer des calculs simples (4 + 3, 19 – 1).
→ Faire écrire le résultat.

....

1 Il y a 16 élèves dans la classe.
Aujourd'hui, 5 sont absents.
Combien d'élèves sont présents ?

Je dessine, je schématise ou j'utilise le matériel de la classe :

Je calcule : ....

Je réponds :

.... élèves sont présents.

2 Au jeu de l'oie, Archi est sur la case 19, il doit reculer de 7 cases.
Sur quelle case se retrouvera-t-il ?

Je dessine, je schématise ou j'utilise le matériel de la classe :

Je calcule : ....

Je réponds :

Archi se retrouvera sur la case ....

3 Le père de Nino a préparé 15 sablés pour Noël. Ils sont à la vanille ou au chocolat.
Il y a 8 sablés à la vanille sur la table.
Combien y a-t-il de sablés au chocolat ?

Je dessine, je schématise ou j'utilise le matériel de la classe :

Je calcule : ....

Je réponds :

Il y a .... sablés au chocolat.

Compétence : Modéliser des problèmes soustractifs.

48 Comparer des longueurs (1)

Manipulation
Guide p. 98

CALCUL MENTAL
Énoncer des calculs simples (6 + 4, 15 − 1).
→ Faire écrire le résultat.

....	....	....	....	....

1 **Entoure** en **rouge** les rubans qui sont plus petits que ta bande bleue. **Entoure** en **vert** les rubans qui sont plus grands. **Entoure** en **bleu** les rubans qui sont de la même taille.

2 Qui a construit la plus longue ligne de spaghettis ? Utilise la bande bleue de ton matériel pour reporter les longueurs et **entoure** la bonne réponse.

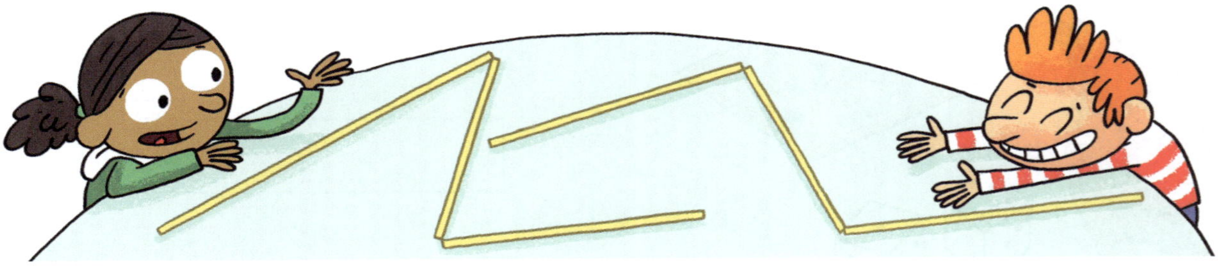

 ✕ ____________________

 ✕ ____________________

C'est   *qui a construit la plus longue ligne de spaghettis.*

3 **Dessine** 3 rubans en les rangeant du plus petit au plus grand.

Compétence : Comparer des objets selon leur longueur.

49 Ordonner les nombres jusqu'à 19

CALCUL MENTAL
Énoncer des calculs simples (11 + 3, 13 − 2).
➔ Faire écrire le résultat.

.... | .... | .... | .... | ....

Manipulation
Guide p. 100

1

Barre les wagons accrochés au mauvais endroit.

Écris les nombres pour remettre les wagons dans l'ordre.

1	2	3	.....	.....	.....	.....	.....	.....	.....	.....	.....	.....	.....	.....	.....	.....	.....	.....

2

Complète les listes de nombres.

3	4	....

....	15	16

12	....	14

15
....
17

8
....
10

3

Écris les nombres du plus petit au plus grand.

6 3 5 4

....

13 15 16 14

....

4

Complète.

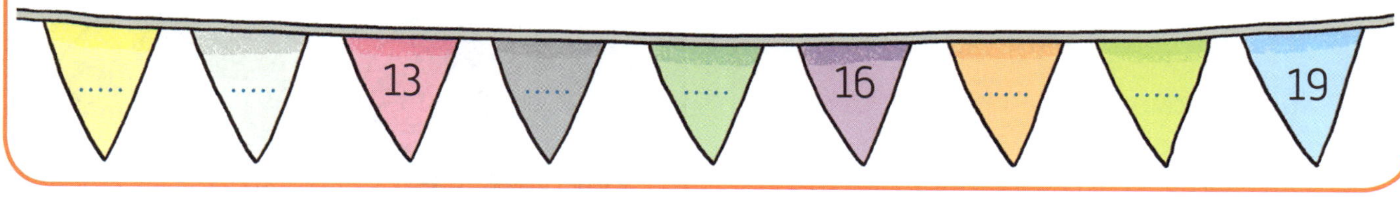

5

Prolonge le trait **rouge** pour qu'il soit plus long que le trait **orange**.
Prolonge le trait **vert** pour qu'il soit plus long que le trait **rouge**.

50 Comparer et ranger les nombres jusqu'à 19

Manipulation
Guide p. 102

CALCUL MENTAL
Faire écrire le nombre après 14,
le nombre avant 10, etc.

....

1 Aide Archi à étendre les maillots. **Écris** les nombres :

du plus petit au plus grand — du plus grand au plus petit

2 **Entoure** le nombre le plus grand en **rouge** et le plus petit en **vert**.

5	19	8	14
14	8	15	16
9	17	7	13

3 **Entoure** l'objet le plus cher en **rouge** et le moins cher en **vert**.

4 Qui suis-je ? **Complète**.

10	15	19	8

- *Je suis juste avant 16 : ....*
- *Je suis plus petit que 11 et j'ai 1 dizaine : ....*
- *Je suis plus grand que 5 et je n'ai pas de dizaine : ....*
- *Je suis plus grand que 12 : ....*

5 Il y avait 8 tartes aux fruits.
Archi en a mangé 3.

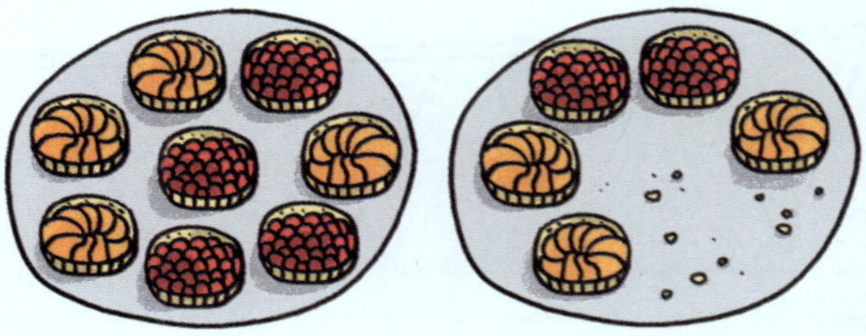

avant — après

Complète l'opération.

...... – ...... = ...

Compétence : Comparer, ranger, encadrer, intercaler des nombres entiers.

51 Construire des collections à partir de décompositions

Manipulation
Guide p. 104

CALCUL MENTAL
Faire écrire le nombre entre 15 et 17, le nombre avant 12, etc.

....

1 **Colorie** les collections de Lali et Nino.

2 **Dessine** les points dans les cartes.

10 + 1

11

1 dizaine et 1 unité

3 **Complète**, puis **dessine** le nombre de boutons.

13	......	......
1 dizaine et .... unités	1 dizaine et 9 unités	1 dizaine et .... unités
10 + ...	10 + ...	10 + 6

4 **Écris** les numéros des images dans l'ordre de l'histoire.

.... 1 ......

Compétence : Dénombrer, constituer et comparer des collections.

52 Échanger 10 unités contre 1 dizaine

Manipulation
Guide p. 106

CALCUL MENTAL
Énoncer des calculs simples
(14 – 2, 10 + 9).
→ Faire écrire le résultat.

....

1 La pirate a trouvé des pièces d'or. **Entoure** par 10 et **complète**.

Dizaines	Unités
.	.

Elle a . . pièces.

Plume lui apporte **une pièce de plus**.
Ajoute-la sur le dessin et **complète**.

Dizaines	Unités
.	.

Elle a . . pièces.

2 Lali a planté des salades. **Entoure** par 10 et **complète**.

Dizaines	Unités
.	.

Lali a . . salades.

Nino lui apporte **4 salades de plus**.
Ajoute-les sur le dessin et **complète**.

Dizaines	Unités
.	.

Lali a . . salades.

3 **Entoure** les timbres par 10 et **complète**.

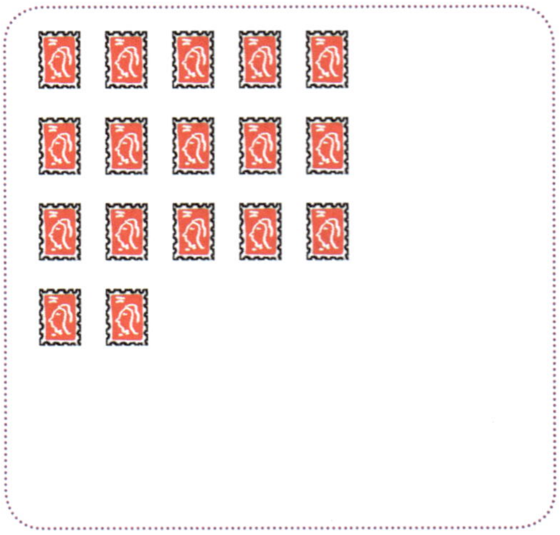

Dizaines	Unités
.	.

Il y a . . timbres.

On en ajoute 6. **Dessine**-les et **complète**.

Dizaines	Unités
.	.

Il y a . . timbres.

Compétence : Dénombrer des collections en organisant des groupements par 10.

53 Échanger 10 pièces de 1 € contre un billet de 10 €

Manipulation
Guide p. 108

CALCUL MENTAL
Énoncer des calculs simples (13 + 3, 7 − 5).
→ Faire écrire le résultat.

....

1 La tirelire d'Archi est pleine. **Entoure** les pièces que tu vas échanger contre des billets de 10 €.

Dessine les billets que tu obtiens et les pièces qui restent.

2 Avec qui Lali peut-elle échanger sa tirelire ? **Colorie** la bonne tirelire.

3 **Dessine** le moins possible de billets de 10 € et de pièces de 1 € pour acheter ces objets.

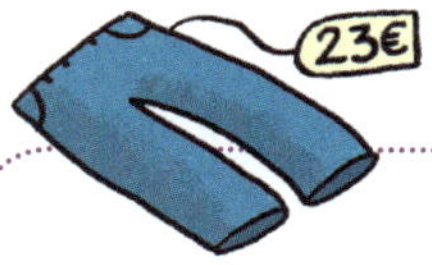

4 **Complète.**

25 €, c'est .... billets de 10 € et .... pièces de 1 €.

37 €, c'est .... billets de 10 € et .... pièces de 1 €.

46 €, c'est .... billets de 10 € et .... pièces de 1 €.

52 €, c'est .... billets de 10 € et .... pièces de 1 €.

Compétence : Résoudre des problèmes impliquant des prix.

54 Résoudre des problèmes utilisant les euros (1)

Manipulation
Guide p. 110

CALCUL MENTAL
Énoncer : 4 dizaines et 8 unités,
5 dizaines et 4 unités, etc.
➔ Faire écrire le nombre correspondant.

....

*** 1** Lali veut acheter ces objets.

Combien d'euros va-t-elle payer en tout ?

Je calcule : ....

Je réponds : *Lali va payer* .... *euros.*

Entoure les billets et les pièces qu'il lui faudra :

*** 2** Archi a 15 €. Il s'achète une peluche à 6 €.

Combien d'euros lui reste-t-il ?

Je calcule : ....

Je réponds : *Il reste* .... *euros à Archi.*

Entoure les billets et les pièces qu'il lui reste :

**** 3** À la boulangerie, la mère de Nino achète ces trois articles.

Combien d'euros va-t-elle payer ?

Je calcule : ....

Je réponds : *La mère de Nino va payer* .... *euros.*

Je dessine les billets et les pièces qu'elle aura donnés au boulanger :

Compétence : Résoudre des problèmes impliquant des prix.

1 **Dessine** ou **barre** les billes et **complète** les calculs.

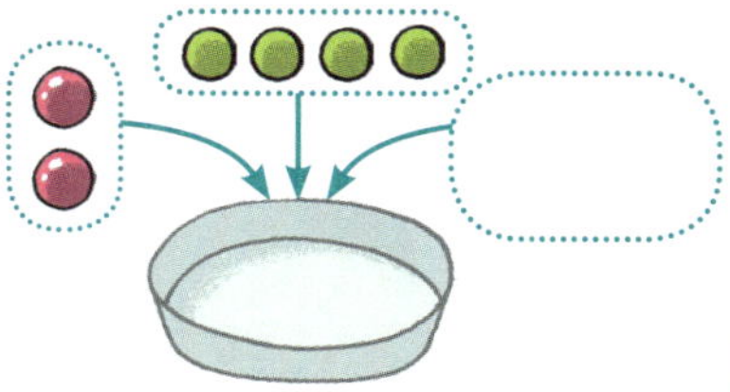

2 + 4 + ... = 9

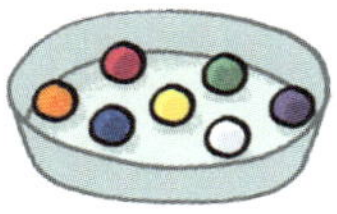

7 – .... = 5

2 **Entoure** le nombre le plus grand en **rouge** et le plus petit en **vert**.

5	15	4	18
19	9	8	17

3 **Complète** puis **dessine** le nombre de boutons.

......	18	......
1 dizaine et 5 unités	1 dizaine et .... unités	1 dizaine et .... unités
10 + ...	10 + ...	10 + 4

4 Nino joue avec des petites planches en bois. **Entoure** par 10 et **complète**.

Dizaines	Unités
.	.

Nino a . . planches.

Archi lui apporte **8 planches en plus**.
Ajoute-les sur le dessin et **complète**.

Dizaines	Unités
.	.

Nino a . . planches.

5 **Complète**.

12 €, c'est .... billet(s) de 10 € et .... pièce(s) de 1 €.

15 €, c'est .... billet(s) de 10 € et .... pièce(s) de 1 €.

27 €, c'est .... billet(s) de 10 € et .... pièce(s) de 1 €.

Séances 28 à 55

BILAN

1

Calculer avec des nombres entiers.

Combien de doigts chaque enfant cache-t-il ? **Complète**.

.... + ... = 10

.... + ... = 10

.... + ... = 10

.... + ... = 10

2

Utiliser diverses stratégies de dénombrement.

Entoure par 10 et **complète**.

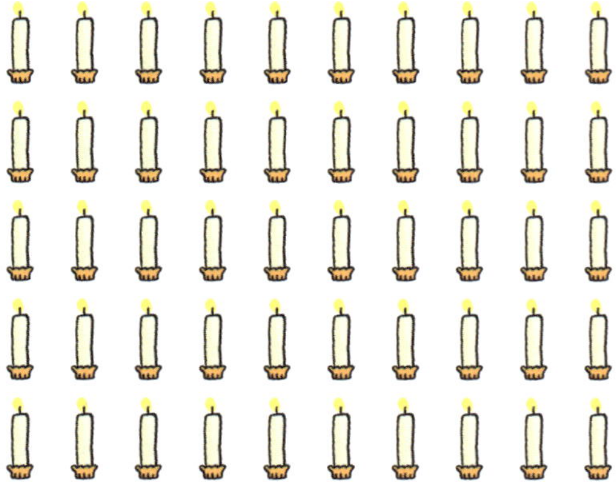

Dizaines	Unités
.	.

Il y a . . bougies.

3

Calculer avec des nombres entiers.

Dessine ou **barre** les boules de sapin et **complète** les calculs.

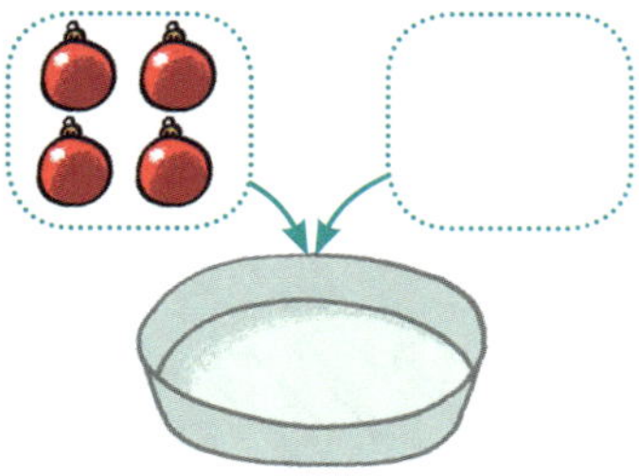

4 + ... = 7

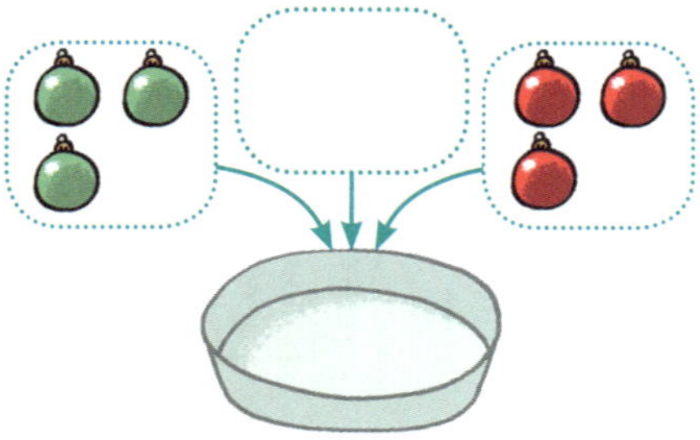

3 + ... + 3 = 9

6 – .... = 4

4

Comparer, ranger des nombres entiers.

Écris les nombres :

du plus grand au plus petit

16	2	8	12
......	......	......	......

du plus petit au plus grand

14	4	19	18
......	......	......	......

5 — Utiliser le lexique associé aux dates.

Complète.

Aujourd'hui, nous sommes le .... décembre.

Demain, nous serons le .... décembre.

Dans une semaine, nous serons le .... décembre.

Utilise la file verticale de ton matériel.

6 — Résoudre des problèmes impliquant des prix.

Avec qui Nino peut-il échanger sa tirelire ?

Colorie la tirelire quand l'échange est possible.

7 — Modéliser un problème soustractif.

Lali a décoré 17 pommes de pin.
Elle en donne 12 à ses amis.
Combien de pommes de pin restera-t-il ?

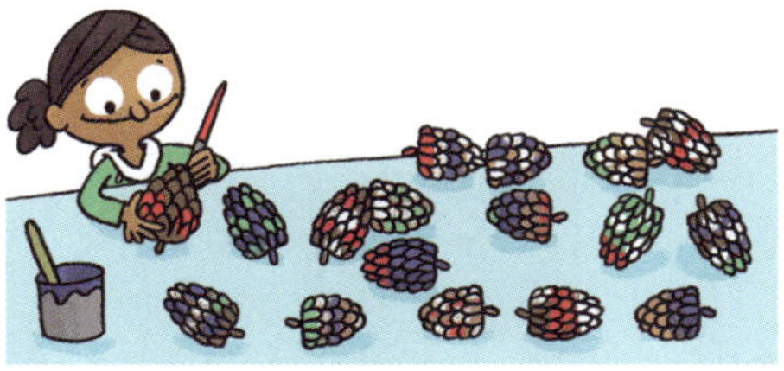

....

Il restera .... pommes de pin.

8 — Modéliser un problème additif.

Le père de Nino achète une paire de gants à 4 € pour Nino. Sa grande sœur souhaite avoir la même. **Combien d'euros le père de Nino paye-t-il en tout ?**

....

Il paye .... euros en tout.

EN ROUTE POUR

Défi animé
lienmini.fr/archicp5

Défi 5 *Construire des figures géométriques*

1

2

3

L'AVENTURE !

Défi animé
lienmini.fr/archicp6

Défi 6 *Comprendre et utiliser la notion de double*

57 Construire la carte d'identité du nombre

Manipulation
Guide p. 114

CALCUL MENTAL
Énoncer des décompositions
du type : ... dizaines et ... unités.

....

1 **Complète.**

CARTE D'IDENTITÉ DU NOMBRE

19

10 + ...

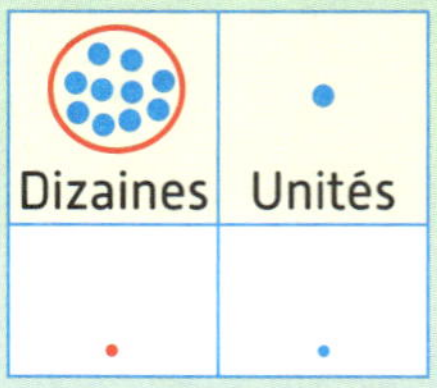

Entoure le nombre de cubes.

Entoure le nombre d'euros.

2 **Complète.**

CARTE D'IDENTITÉ DU NOMBRE

en chiffres
....

en lettres
seize

nombre avant / nombre après
....

sous la forme d'une addition
.... + ... = ...

Entoure le nombre d'euros.

Compétence : Utiliser diverses représentations du nombre.

58 Connaître les nombres de 20 à 29

Manipulation
Guide p. 116

CALCUL MENTAL
Ajouter ou retrancher des petits nombres sans passage à la dizaine (6 + 4, 9 − 3, etc.)

....

1 Décore les capes de magicien de nos 3 amis : **dessine** le bon nombre d'étoiles ✳ et **complète** les calculs.

23 = 10 + ... + ...
23 = 20 + ...

28 = ... + ... + ...
28 = 20 + ...

25 = ... + ... + ...
25 = ... + ...

2 Combien d'objets y a-t-il ? **Complète.**

Dizaines	Unités

.... + ... + ... = ...

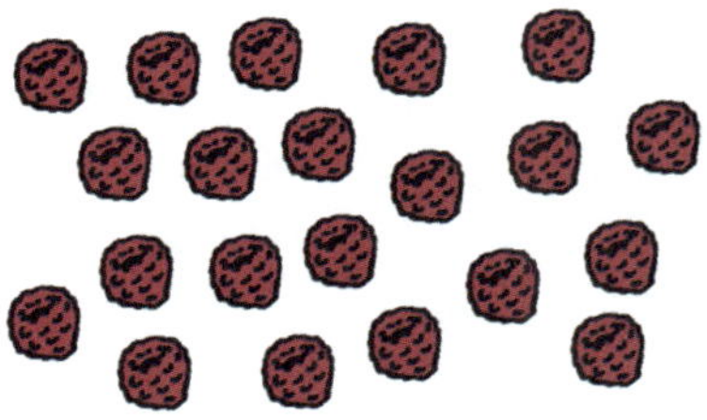

Dizaines	Unités

.... + ... + ... = ...

3 **Colorie.**

22 doigts

20 doigts

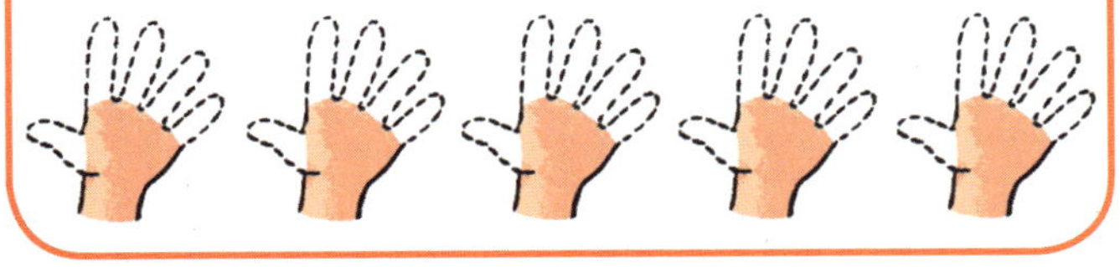

4 **Colorie** ce qui fait 26.

10 + 10 + 6

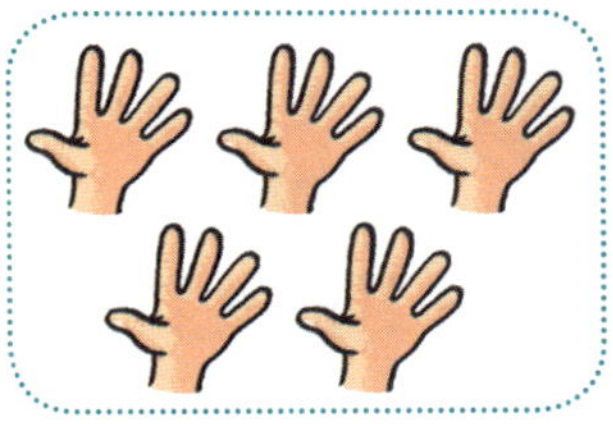

20 + 5

10 + 6

20 + 6

vingt-sept

2 dizaines et 6 unités

Compétence : Nommer, lire, écrire, représenter des nombres entiers.

59 Connaître les nombres de 30 à 39

Manipulation
Guide p. 118

CALCUL MENTAL
Énoncer des décompositions du type : 20 + 2, 2 dizaines et 9 unités.

....

1 Gigi range son matériel de magicienne. **Complète.**

Dizaines	Unités

...... + ... + ... + ... = ...

Il y a .... cartes.

Dizaines	Unités

...... + ... + ... + ... = ...

Il y a .... baguettes.

2 Combien de flocons comptes-tu ? **Complète.**

...... + ... + ... + ... = ...

30 + ... = ...

C'est .... dizaines et .... unités.

3 Nino a rangé 32 boules de Noël. Termine de les dessiner et **complète.**

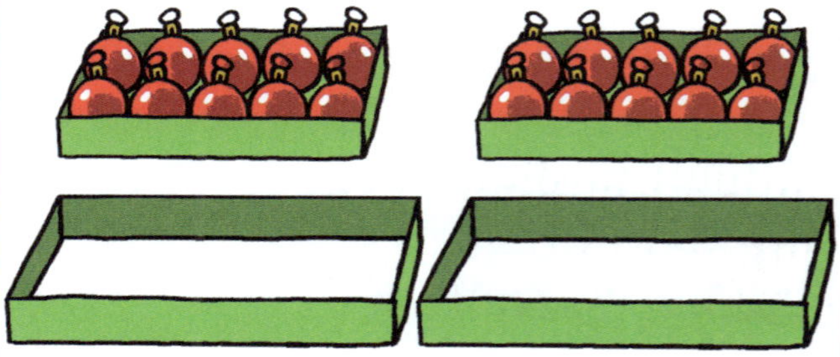

...... + ... + ... + ... = ...

30 + ... = ...

C'est .... dizaines et .... unités.

4 **Complète.**

10 + 10 + 10 + 3 = ...
10 + 10 + 10 + 9 = ...

30 + 1 = ...
30 + 5 = ...

3 dizaines et 6 unités : ....
3 dizaines et 0 unité : ....

5 **Complète.**

...... – ...... – ...... – ...... – 21 – ...... – 23 – ...... – ...... – ...... – ...... – 28 – ...... – 30

Compétence : Nommer, lire, écrire, représenter des nombres entiers.

60 Reconnaître le cube, le pavé, la pyramide, la boule, le cône

Manipulation
Guide p. 120

CALCUL MENTAL
Énoncer des décompositions du type : 30 + 2, 3 dizaines et 8 unités.

……. ……. ……. ……. …….

1 Avec la baguette de Gigi, Archi a mélangé tous les objets ! Pour l'aider à les ranger, **entoure** en **rouge** les cubes, en **bleu** les pavés, en **vert** les boules, en **noir** les pyramides et en **jaune** les cônes.

2 **Barre** les solides qui ne sont pas des cubes ou des pavés.

3 **Colorie** en **rouge** les cubes, en **bleu** les pavés, en **vert** la boule, en **noir** le cône et en **jaune** la pyramide.

4 Il y avait 15 cubes dans le sac du maître. Lali lui donne 4 cubes.
Combien de cubes y aura-t-il dans le sac ?

Il y aura ……. *cubes dans le sac.*

Compétence : Reconnaître des solides usuels.

61 Reconnaître le carré, le rectangle, le triangle, le cercle

Manipulation
Guide p. 122

CALCUL MENTAL
Énoncer un nombre entre 20 et 39.
➔ Faire écrire le nombre qui suit ou le nombre qui précède.

....

1 Archi range tous les solides dans la boîte de Gigi. Dans quelle ouverture peut-il faire passer les objets ? **Écris** le numéro qui correspond.

2 **Entoure** en **rouge** les carrés, en **bleu** les rectangles, en **vert** les cercles et en **noir** les triangles.

3 **Repasse** en **rouge** les côtés des carrés et en **bleu** les côtés du rectangle.
Colorie en **noir** le triangle.

4 **Écris** les nombres en lettres. Tu peux t'aider des étiquettes. *vingt* *trente*

18 : ______________ 20 : ______________ 22 : ______________

27 : ______________ 30 : ______________ 31 : ______________

Compétence : Reconnaître, nommer et décrire les figures usuelles.

62 Construire des collections à partir de décompositions

Manipulation
Guide p. 124

CALCUL MENTAL
Montrer des pièces et des billets jusqu'à un total de 39 €. → Faire écrire la somme correspondante.

....

1 Lali donne 16 ballons à Nino. **Colorie**-les. Archi lui en donne 23. **Colorie**-les.

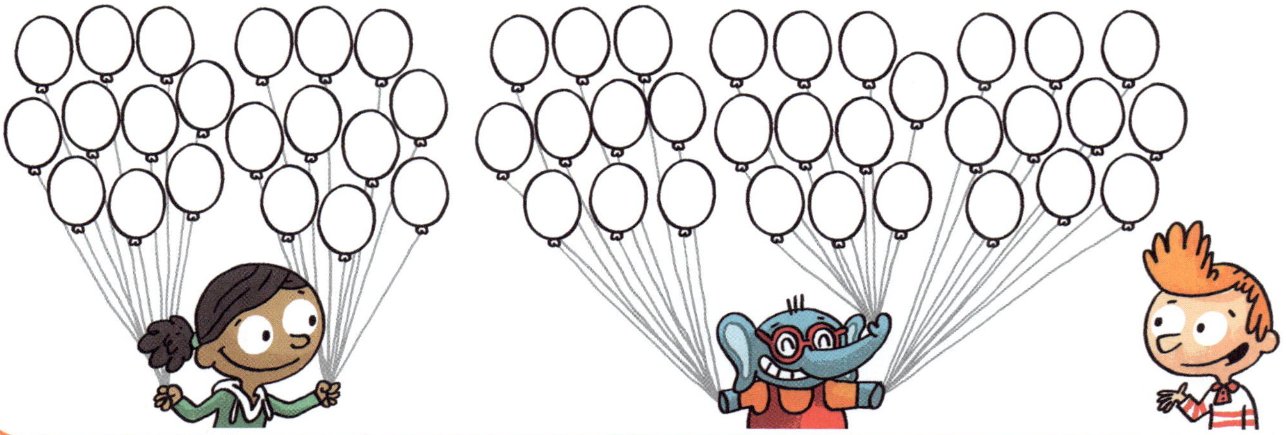

2 **Entoure** 2 dizaines et 4 unités.

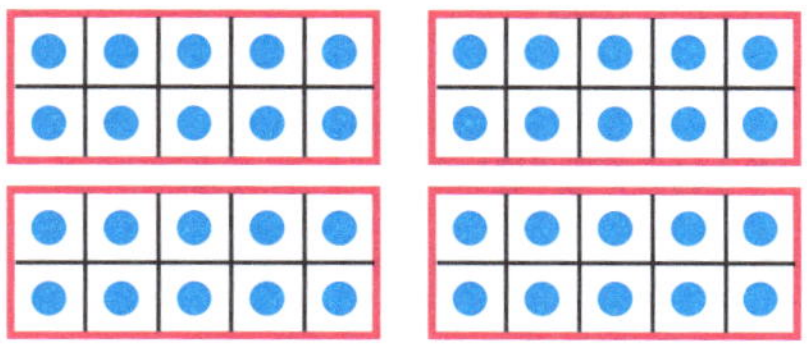

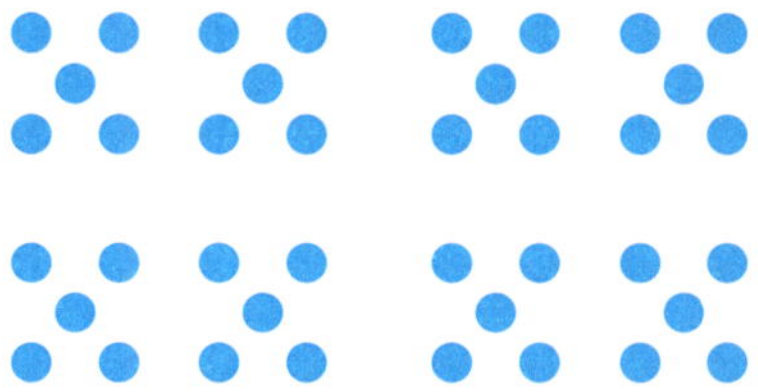

3 **Complète**, puis **dessine** le nombre de boutons.

30 + 7	.... + ...
.... dizaines et .... unités	1 dizaine et 3 unités

4 **Colorie**, puis **complète** la phrase.

10 € + 5 €

J'ai colorié .... €.

2 dizaines et 1 unité

Il y a .... billes coloriées.

30 + 8

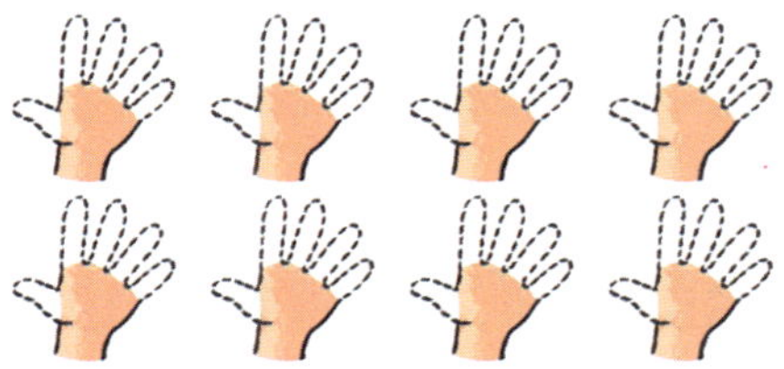

Il y a .... doigts coloriés.

Compétence : Interpréter les noms des nombres (unités de numération et écritures arithmétiques).

63 Résoudre des problèmes d'addition et de soustraction

Manipulation
Guide p. 126

CALCUL MENTAL
Énoncer des décompositions du type :
… dizaines et … unités.

……. ……. ……. ……. …….

1 Gigi a acheté 12 boules de cristal dans un magasin. Elle a cassé 4 boules en rentrant chez elle.
Combien de boules lui reste-t-il ?

Je schématise si j'en ai besoin :

Je calcule : ……………………………

Il reste ……. boules de cristal.

2 15 citrons sont tombés du citronnier.
Il reste 8 citrons sur l'arbre.
Combien de citrons y avait-il sur l'arbre au départ ?

Je schématise si j'en ai besoin :

Je calcule : ……………………………

Il y avait ……. citrons sur l'arbre.

3 Aujourd'hui, nous sommes le 18 février.
6 jours plus tôt, c'était l'anniversaire de Nino.
Quel jour est-il né ?

Février						
1	2	3	4	5	6	7
8	9	10	11	12	13	14
15	16	17	18	19	20	21
22	23	24	25	26	27	28

Je schématise si j'en ai besoin :

Je calcule : ……………………………

Nino est né le ……. février.

Compétence : Résoudre des problèmes du champ additif en une étape.

64 Reproduire une figure sur quadrillage

Manipulation
Guide p. 128

CALCUL MENTAL
En appui sur la file numérique, proposer des problèmes du type : *Archi est sur la case 36, il recule de 3 cases. Sur quelle case arrive-t-il ?*

……. ……. ……. ……. …….

1 Voici la figure que Nino a tracée. **Reproduis** la figure sur le quadrillage. Puis **colorie** le carré en **rouge**, le rectangle en **bleu** et le triangle en **vert**.

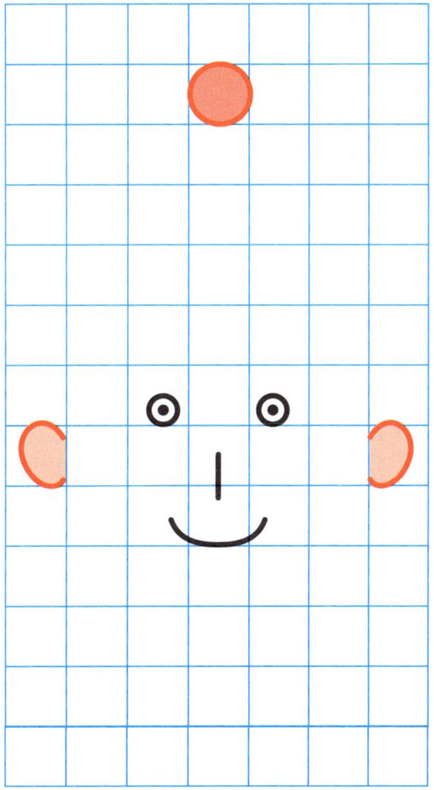

2 Voici la figure que Lali a tracée. **Reproduis** la figure sur le quadrillage. Puis **colorie** le carré en **rouge**, le rectangle en **bleu** et le triangle en **vert**.

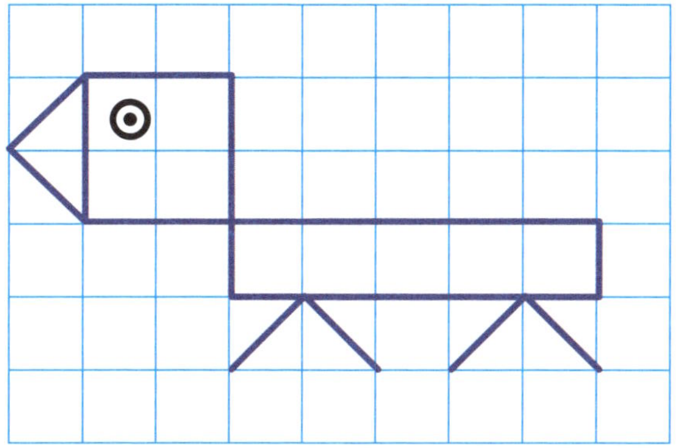

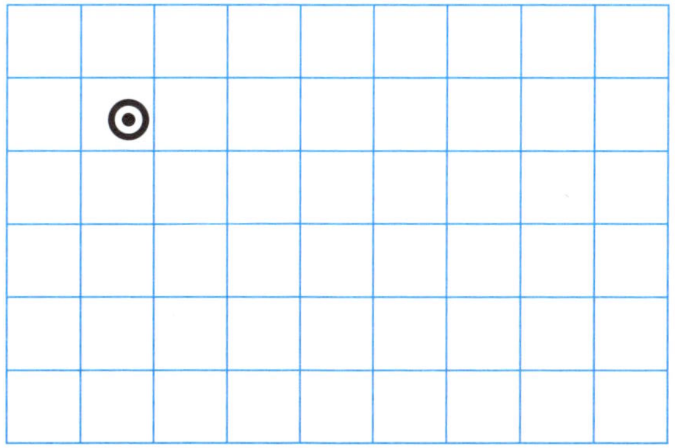

3 Quel est ce nombre ? **Complète.**

1 dizaine : ……. J'ajoute 2 dizaines : ……. J'ajoute 4 unités : …….

6 **Écris** ce nombre en lettres :

Compétence : Reproduire des figures sur papier quadrillé.

JE M'ENTRAÎNE

1 **Colorie** 3 dizaines et 6 unités.

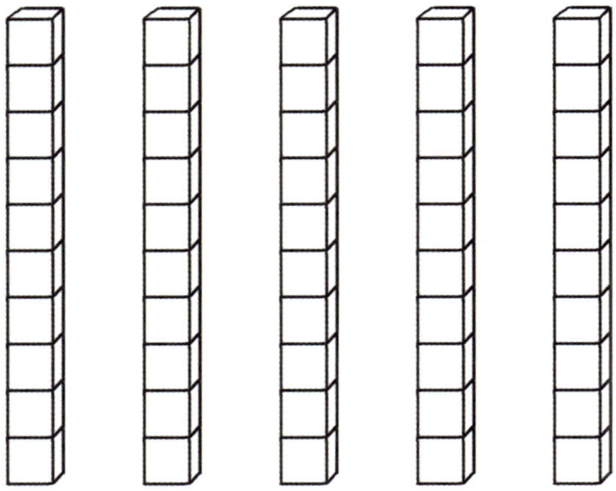

2 **Colorie** en **rouge** les cubes et en **bleu** les pavés.

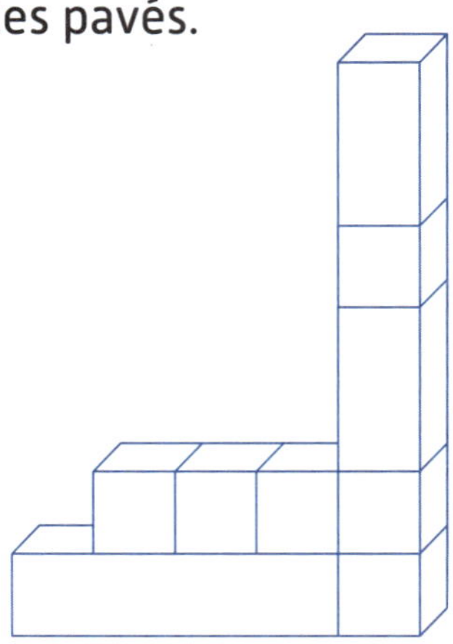

3 **Reproduis** la figure sur le quadrillage. Puis **colorie** en **rouge** les carrés, en **bleu** les rectangles et en **noir** les triangles.

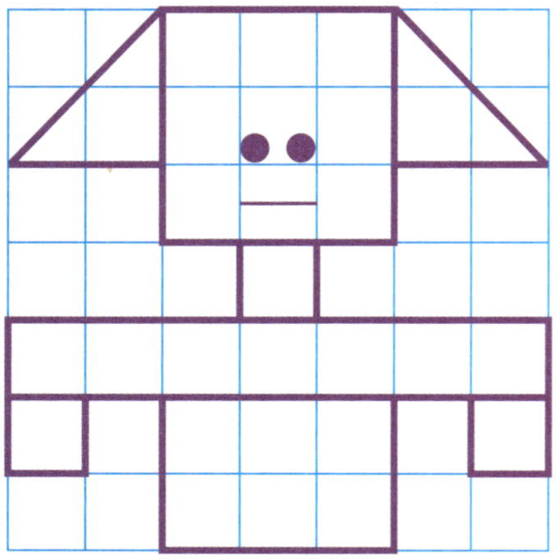

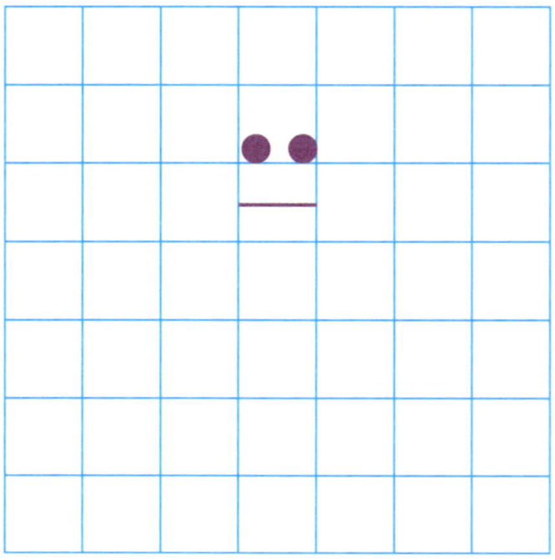

4 Malo lance le dé et obtient un 6. Il arrive sur la case 19.
De quelle case est-il parti ?

Malo est parti de la case ....

5 **Combien de perles y a-t-il ? Complète.**

.... + ... + ... + ... = ...

Il y a .... *perles.*

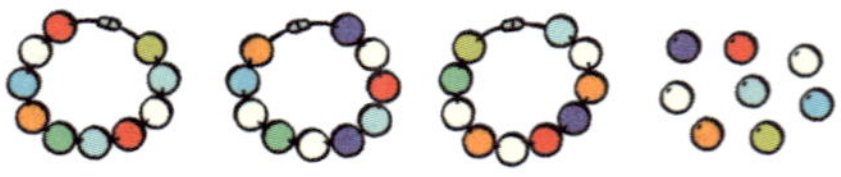

Dizaines	Unités

6 **Dessine** pour avoir 22 oiseaux et **complète**.

.... + ... + ... = 22

Dizaines	Unités

66 Comparer et ranger les nombres jusqu'à 39

CALCUL MENTAL
Énoncer des calculs (22 + 6, 4 + 33).
➔ Faire écrire le résultat.

| .... | .... | .... | .... | .... |

Manipulation
Guide p. 130

1 **Écris** les nombres du plus petit au plus grand.

2 **Colorie** en **bleu** le nombre le plus grand et en **vert** le plus petit.

25 17 5

25 35 13 31

24 34 35 25

3 **Colorie** le nombre le plus grand.

15	30 + 8
10 + 6	20 + 5
10 + 9	10 + 4
10 + 10 + 3	27

4 Qui suis-je ? **Complète**.

37 12 34

Je suis plus grand que 35 : ....

Je suis plus petit que 39 et j'ai 4 unités : ....

Je suis plus petit que 20 : ....

Je suis plus grand que 30 et j'ai 7 unités : ....

5 **Dessine** les baguettes magiques qui manquent pour en avoir 34 en tout.

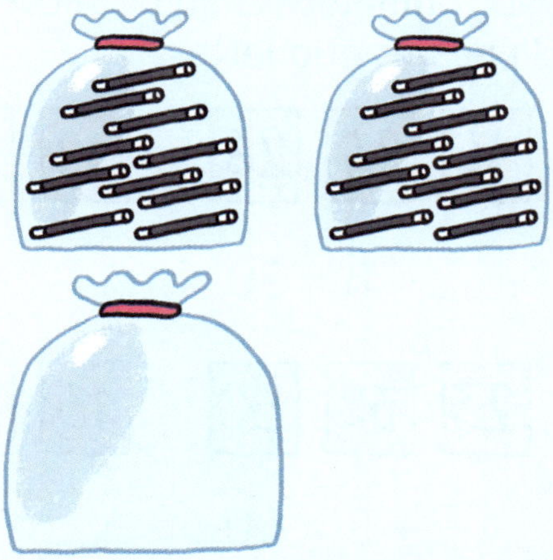

Compétence : Comparer, ranger des nombres entiers.

67 Compléter à la dizaine supérieure

Manipulation
Guide p. 132

CALCUL MENTAL
Énoncer un nombre inférieur à 40.
→ Faire écrire le nombre qui suit ou le nombre qui précède.

....

1 **Entoure** les cubes que Lali et Nino doivent prendre pour compléter une nouvelle tour, puis **complète** le calcul.

13 + ... = 20

26 + ... = 30

2 **Complète** les calculs.

4 + ... = 10	2 + ... = 10	7 + ... = 10
14 + ... = 20	22 + ... = 30	27 + ... = 30
24 + ... = 30	12 + ... = 20	17 + ... = 20

3 Nino veut aller sur la case 30 et Lali sur la case 40. De combien de cases doivent-ils avancer ? **Complète** les calculs.

21 + ... = 30

35 + ... = 40

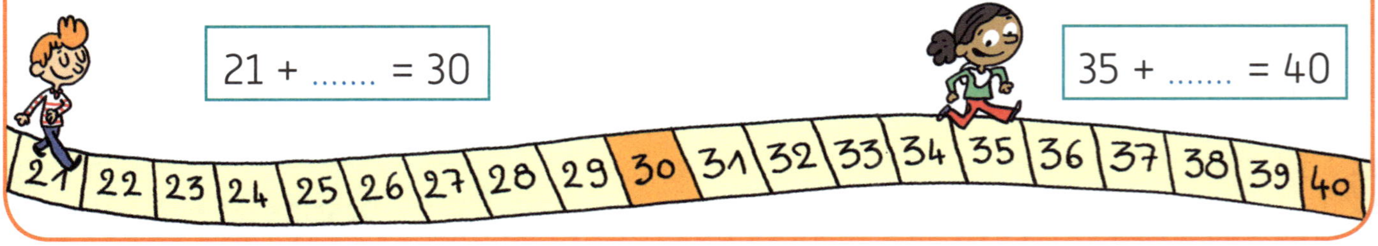

4 **Complète** chaque calcul avec l'une des étiquettes.

14 24 26
.... + 6 = 30

19 16 9
.... + 1 = 20

23 32 30
.... + 8 = 40

13 23 32
.... + 7 = 30

5 Si nous sommes le 13 janvier, quel jour serons-nous dans 7 jours ?
Complète.

Nous serons le .... *janvier.*

Compétence : Calculer avec des nombres entiers.

68 Connaître les doubles jusqu'à 10 + 10

CALCUL MENTAL
Énoncer des additions simples
(18 + 2, 24 + 6, etc.)

....

Manipulation
Guide p. 134

1 **Indique** le nombre de tapis : **complète** les calculs.

7 + ... = ...

8 + ... = ...

9 + ... = ...

2 **Colorie** la case qui représente :

le double de
8 abeilles

le double de
10 coccinelles

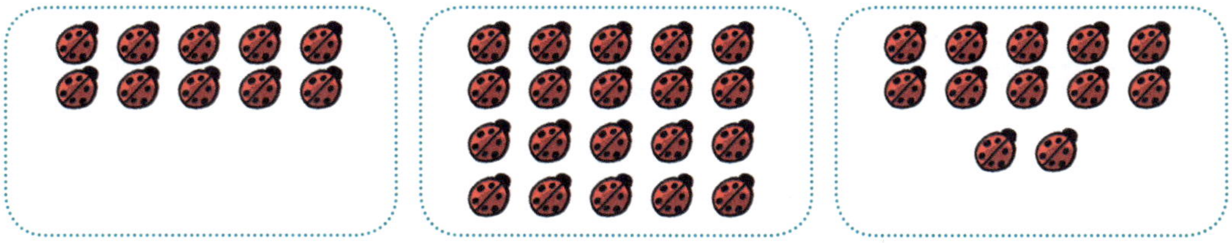

le double de
6 libellules

3 **Complète** les calculs.

8 + 8 = ... 5 + 5 = ... 10 + 10 = ... 3 + 3 = ...

7 + 7 = ... 6 + 6 = ... 4 + 4 = ... 9 + 9 = ...

4 **Complète** les calculs.

14 + 5 = ... 27 – 4 = ... 33 + 3 = ... 37 – 1 = ...

Compétence : Connaître les doubles des nombres inférieurs ou égaux à 10.

69 Compléter un tableau à double entrée

Manipulation
Guide p. 136

CALCUL MENTAL
Faire écrire le double de 6, le double de 4, etc.

……. ……. ……. ……. …….

1 Gigi fait un tableau pour classer ses tapis. **Complète**-le comme dans l'exemple.

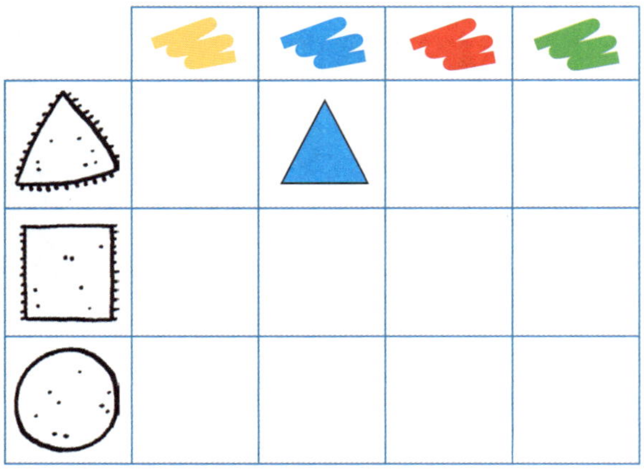

2 **Complète** le tableau.

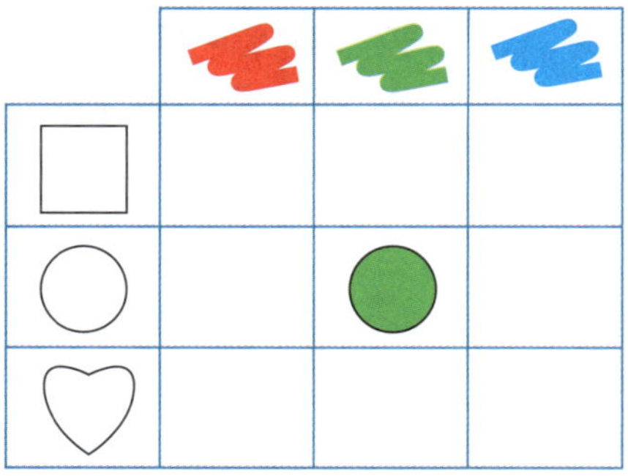

3 **Complète** la fabrique à dominos comme dans l'exemple.

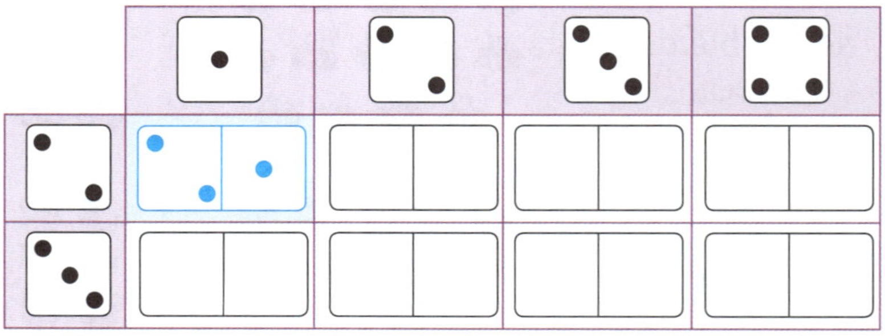

4 **Relie** chaque solide à la forme correspondante.

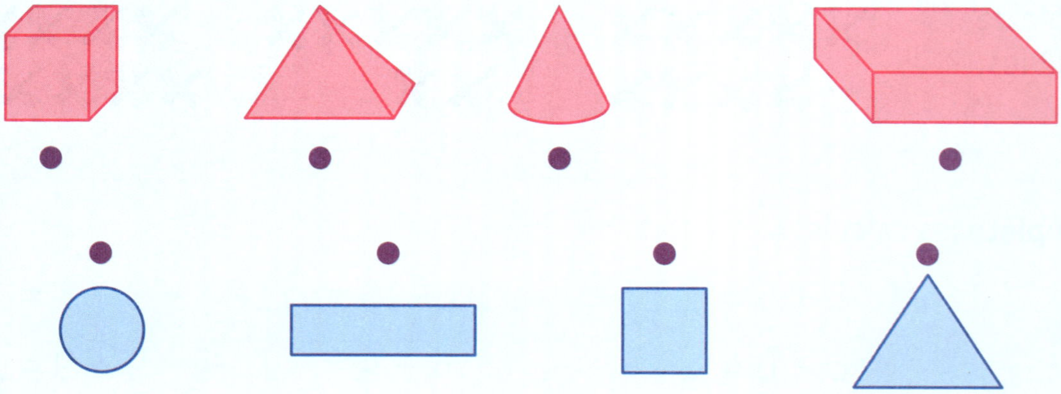

Entoure en **rouge** le carré, en **bleu** le rectangle, en **vert** le cercle et en **noir** le triangle.

Compétence : Présenter et organiser des données sous forme de tableaux.

70 Construire la table d'addition (1)

Manipulation
Guide p. 138

CALCUL MENTAL
Énoncer des décompositions du type : 10 + 10 + 10 + 7.

……. ……. ……. ……. …….

1 Aide Archi à compléter les cases de la table d'addition.

+	4	5	6	7	8	9
3	7	…….	…….	…….	…….	…….
4	…….	…….	…….	…….	…….	…….

2 **Complète** les cases de la table d'addition.

+	1	2	3	4	5	6	7	8	9	10
10	11	…….	…….	…….	…….	…….	…….	…….	…….	…….

3 **Complète** les cases en jaune. Puis **complète** les autres cases.

+	1	2	3	4	5	6	7	8	9	10
6	7	…….	…….	…….	…….	…….	…….	14	…….	…….
7	…….	9	…….	…….	12	…….	…….	…….	…….	…….

4 **Complète** les calculs.

6 + 3 = …….   2 + 9 = …….   10 + 8 = …….

1 + 5 = …….   8 + 5 = …….   7 + 7 = …….

9 + 4 = …….   6 + 9 = …….   9 + 7 = …….

5 **Entoure** les cubes par 10 et **complète** le tableau.

Dizaines	Unités

Compétence : Mémoriser des faits numériques et des procédures.

Additionner des petits nombres

Manipulation
Guide p. 140

CALCUL MENTAL
Énoncer des calculs issus de la table d'addition : 4 + 5, 1 + 6, etc.

....

1 **Calcule** le score de chaque personnage. **Complète** les calculs.

1 + 4 + 3
5 + ... = ...

6 + 2 + 1
...... + ... = ...

5 + 3 + 4
...... + ... = ...

2 **Complète**.

2 + 1 + 5
...... + ... = ...

7 + 2 + 1
...... + ... = ...

1 + 3 + 7
...... + ... = ...

3 **Complète**.

2 + 8 + 1 = ... 7 + 2 + 3 = ... 5 + 3 + 2 = ...

14 + 3 = ... 2 + 11 = ... 12 + 4 = ...

4 Lali fait tomber 3 quilles. Elle obtient 10 points. Cherche trois scores possibles et **écris** tes calculs.

.... + ... + ... = 10
.... + ... + ... = 10
.... + ... + ... = 10

Compétence : Élaborer ou choisir des stratégies de calcul.

72 Utiliser les doubles pour calculer

Manipulation
Guide p. 142

CALCUL MENTAL
Énoncer des calculs issus de la table d'addition : 3 + 8, 4 + 9, etc.

....

1 **Calcule** le score de chacun. **Complète** les calculs en t'aidant des doubles.

2 + 1 + 3

...... + ... = ...

6 + 5 + 1

...... + ... = ...

5 + 2 + 3

...... + ... = ...

2 **Calcule** le nombre obtenu en additionnant les cartes. Aide-toi des doubles.

4 + 5 + 5 = ...

.... + ... + ... = ...

.... + ... + ... = ...

3 **Calcule** en t'aidant des doubles.

3 + 4

3 + 3 + 1 = ...

5 + 6

...... + 5 + ... = ...

6 + 7

...... + ... + ... = ...

4 Nino fait tomber 3 quilles. Il obtient 18 points. Cherche deux scores possibles et **écris** tes calculs.

9 + ... + ... = 18

9 + ... + ... = 18

Compétence : Élaborer ou choisir des stratégies de calcul.

73 Résoudre des problèmes du champ multiplicatif (1)

Manipulation
Guide p. 144

CALCUL MENTAL
Énoncer des sommes de plusieurs petits nombres contenant des doubles : 3 + 3 + 5, etc.

....

* 1

Pour se soigner, Archi doit prendre 3 cachets par jour pendant 4 jours.
Combien de cachets doit-il prendre ?

Je schématise si j'en ai besoin :

Je calcule :

.... + ... + ... + ... = ... × .... = ...
(4 fois 3)

Archi va prendre ...... cachets.

** 2

Nino a invité 5 amis et donne à chacun 2 pommes.
Combien de pommes donne-t-il en tout ?

Je schématise si j'en ai besoin :

Je calcule :

.... + ... + ... + ... + ... = ... × .... = ...

Nino donne ...... pommes en tout.

*** 3

Lali veut afficher 3 posters dans sa chambre. Elle utilise 10 punaises par poster.
Combien de punaises utilise-t-elle en tout ?

Je schématise si j'en ai besoin :

Je calcule : .... + ... + ... = ... × .... = ...

Lali utilise ...... punaises en tout.

Compétence : Résoudre des problèmes du champ multiplicatif en une étape.

JE M'ENTRAÎNE

1 **Continue** la file en complétant les additions.

6	7	8	5 + ...	7 + ...	2 + ...	.... + 6	8 + ...	10 + ...	7 + ...

2 **Complète.**

[2] + [2] + 4 → [......] + ... = [......]

[4] + [4] + 3 → [......] + ... = [......]

5 + [4] + [1] → ...... + [......] = [......]

3 Archi fait tomber 3 quilles. Il obtient 14 points. **Écris** 3 scores possibles.

.... + ... + ... = 14

.... + ... + ... = 14

.... + ... + ... = 14

4 **Complète** les calculs.

13 + ... = 20	6 + ... = 10
25 + ... = 30	16 + ... = 20
23 + ... = 30	15 + ... = 20
3 + ... = 10	27 + ... = 30

5 **Complète** le tableau.

	vert	rouge	jaune
△			
○			
♡			

6 Lali prépare 4 coupes de glace. Puis elle dépose 5 fraises dans chaque coupe.
Combien utilise-t-elle de fraises en tout ?

.... + ... + ... + ... = ... × .... = ...

Lali utilise .... fraises en tout.

75 Utiliser 10 pour calculer

Manipulation
Guide p. 146

CALCUL MENTAL
Énoncer une addition du type 10 + 10.
➔ Faire chercher la multiplication correspondante et écrire le résultat.

……. ……. ……. ……. …….

1

Écris le score de chacun. **Complète** les calculs en t'appuyant sur ce qui fait 10.

1 + 9 + 6

10 + …… = ……

6 + 4 + 2

…… + …… = ……

3 + 8 + 2

…… + …… = ……

2

Complète les calculs en t'appuyant sur ce qui fait 10.

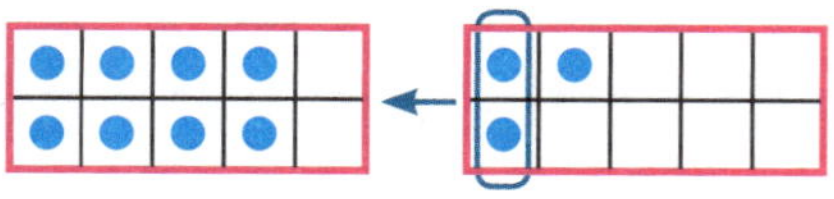

8 + 3

8 + 2 + 1 = ……

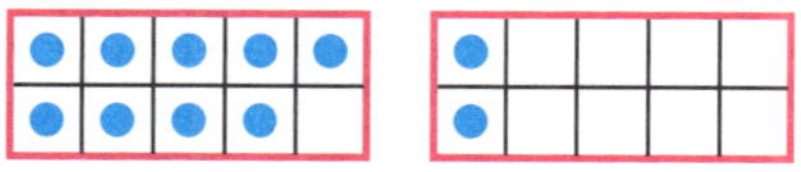

9 + 2

…… + …… + …… = ……

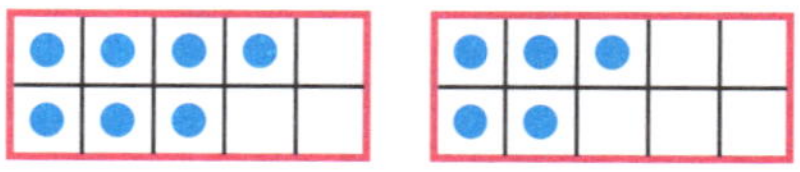

7 + 5

…… + …… + …… = ……

3

Calcule en additionnant les cartes. **Entoure** ce qui fait 10 pour t'aider.

1 + 9 + 5 = …….

……. + ……. + ……. = …….

……. + ……. + ……. = …….

4

Complète.

2 + 8 + 4 = …….

7 + 4 + 3 = …….

9 + 3 = …….

2 + 1 + 6 + 4 = …….

5

Archi fait tomber 3 quilles. Il obtient 15 points. Cherche deux scores possibles et **écris** tes calculs.

8 + ……. + ……. = 15

8 + ……. + ……. = 15

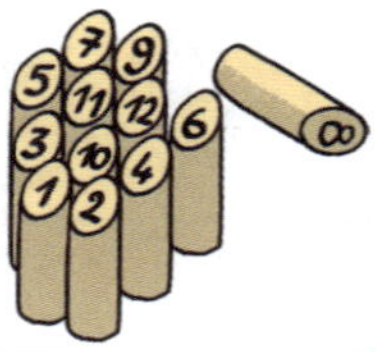

Compétence : Élaborer ou choisir des stratégies de calcul.

76 Décrire un solide

Manipulation
Guide p. 148

CALCUL MENTAL
Énoncer des sommes de plusieurs petits nombres : 8 + 2 + 3, etc.

....

1 **Entoure** les cubes en **rouge** et les pavés en **bleu**.

2 **Colorie** d'une couleur différente chaque face visible de ces solides.

Dessine un point noir sur chaque sommet visible.

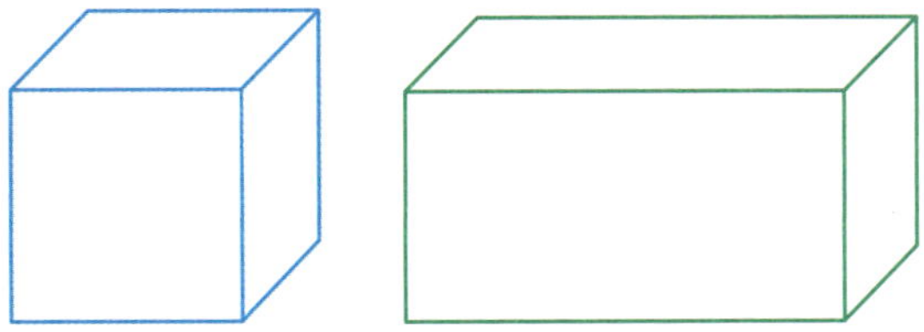

3 **Complète**.

	Je vois	Je ne vois pas
Le cube	.... faces .... sommets	.... faces .... sommets
Le pavé	.... faces .... sommets	.... faces .... sommets

4 La maîtresse veut écrire la description du cube et du pavé. **Écris** à sa place.

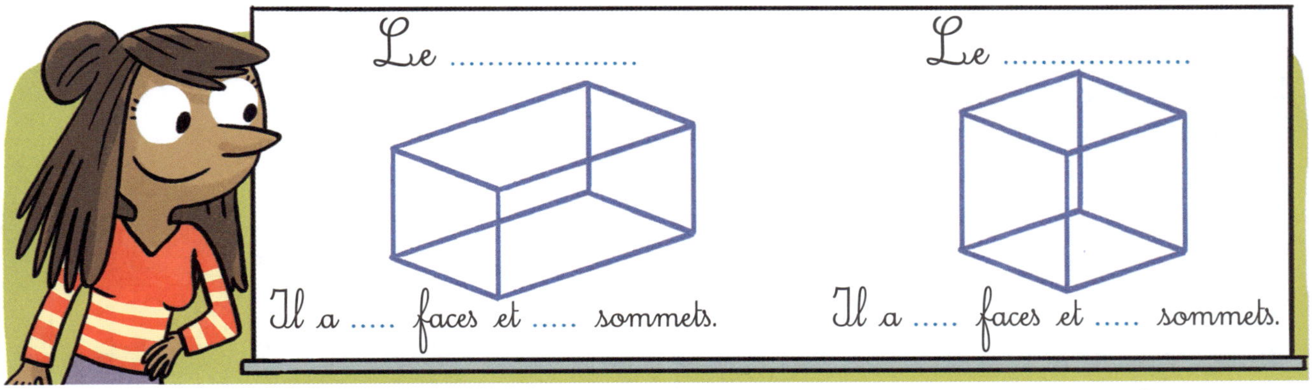

Compétence : Décrire le cube et le pavé droit en utilisant les termes face et sommet.

77 Connaître les nombres de 40 à 49

CALCUL MENTAL
Énoncer des calculs issus
des tables d'addition de 2 à 5.

....

Manipulation
Guide p. 150

1 Combien de pommes Lali a-t-elle cueillies ? **Complète.**

.... + ... + ... + ... + ...

Lali a cueilli .... pommes.

C'est .... dizaines et .... unités.

2 Archi a tricoté 43 bonnets. Continue à **dessiner** les bonnets et **complète.**

.... + ... + ... + ... + ...

Il y a .... bonnets.

C'est .... dizaines et .... unités.

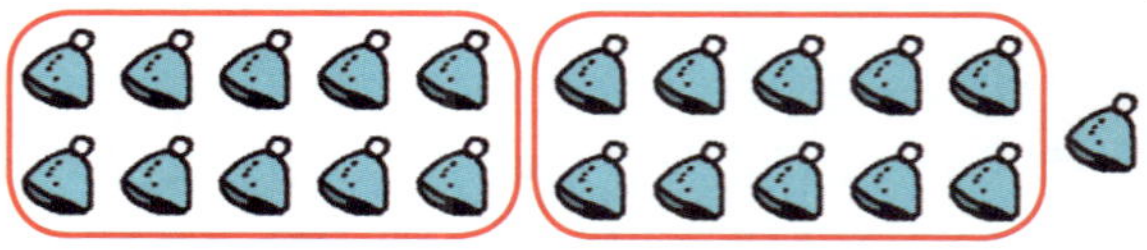

3 **Complète** les suites de nombres.

38 – .... – .... | .... – 48 – .... | .... – .... – 44

4 **Complète.**

quarante-deux	42	40 + 2	.... dizaines et .... unités
quarante-quatre	....	.... + ...	.... dizaines et .... unités
quarante-six	....	.... + ...	4 dizaines et 6 unités

5 Nino a cueilli 40 pommes. Il les range dans des caisses de 10.
Combien de caisses utilise-t-il ?

Nino utilise .... caisses.

6 **Complète.**

5 + ... = 10   25 + ... = 30
7 + ... = 10   23 + ... = 30
15 + ... = 20   35 + ... = 40
17 + ... = 20   33 + ... = 40

Compétence : Nommer, lire, écrire, représenter des nombres entiers.

78 Connaître les nombres de 50 à 59

Manipulation
Guide p. 152

CALCUL MENTAL
Énoncer des décompositions du type : 40 + 2, 4 dizaines et 9 unités.

....

1 Combien de marrons Nino a-t-il ramassés ? **Complète.**

.... + ... + ... + ... + ... + ...

Nino a ramassé .... marrons.

C'est .... dizaines et .... unités.

2 Lali a ramassé 54 marrons.
Dessine-les et **complète.**

.... + ... + ... + ... + ... + ...

Lali a ramassé .... marrons.

C'est .... dizaines et .... unités.

3 **Complète** les suites de nombres.

54 – .... – .... | .... – 50 – .... | .... – .... – 59

4 **Complète.**

cinquante-neuf	....	50 + 9	.... dizaines et .... unités
	50	.... + ...	.... dizaines et .... unité
	....	.... + ...	5 dizaines et 2 unités

5 Archi avait 53 billes. Il ne retrouve plus que 4 paquets de 10 billes et 3 billes seules.
Combien de billes a-t-il perdues ?

Archi a perdu .... billes.

79 Comparer et ranger les nombres jusqu'à 59 : signes < et >

Manipulation
Guide p. 154

CALCUL MENTAL
Énoncer des décompositions du type :
50 + 6, 4 dizaines et 8 unités.

....

1 **Écris** 6 nombres différents à l'aide des 3 chiffres d'Archi.

....

Écris ces nombres du **plus petit** au **plus grand**.

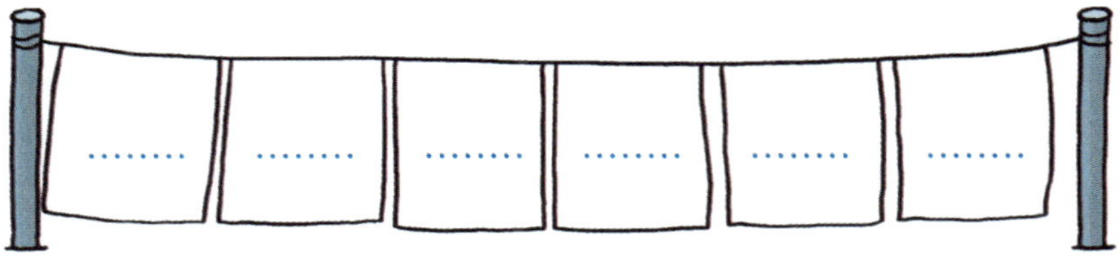

2 **Écris** 6 nombres différents à l'aide des 3 chiffres de Lali.

....

Écris ces nombres du **plus grand** au **plus petit**.

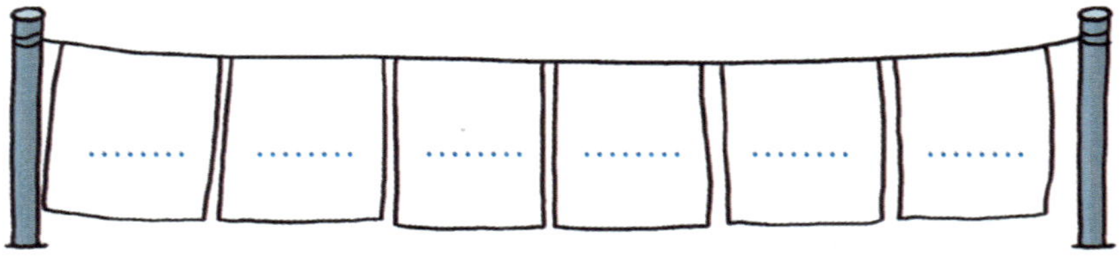

3 **Entoure** le nombre le plus petit.

47	30 + 5
50 + 8	50 + 9
40 + 4	50 + 0

4 **Colorie** le signe qui correspond.

23 < > 36	29 < > 12
47 < > 54	42 < > 52
25 < > 28	19 < > 13
34 < > 27	55 < > 58

5 **Écris** < ou >.

18 ◯ 45	34 ◯ 24
36 ◯ 17	26 ◯ 56
38 ◯ 42	24 ◯ 42

6 **Complète.**

8 + 5 + 2 = ...

1 + 5 + 6 + 4 = ...

4 + 4 + 3 = ...

Compétence : Comparer, ranger des nombres entiers.

80 Calculer avec les nombres jusqu'à 20

CALCUL MENTAL
Faire ajouter ou retrancher avec les nombres entre 40 et 59 : 46 + 3, 51 + 6, etc.

....	....	....	....	....

Manipulation
Guide p. 156

1 **Dessine** les 17 briques d'Archi sur les 4 tapis volants.
Complète le calcul.

.... + ... + ... + ... = 17

Dessine les 17 briques sur les 2 tapis et **complète** le calcul.

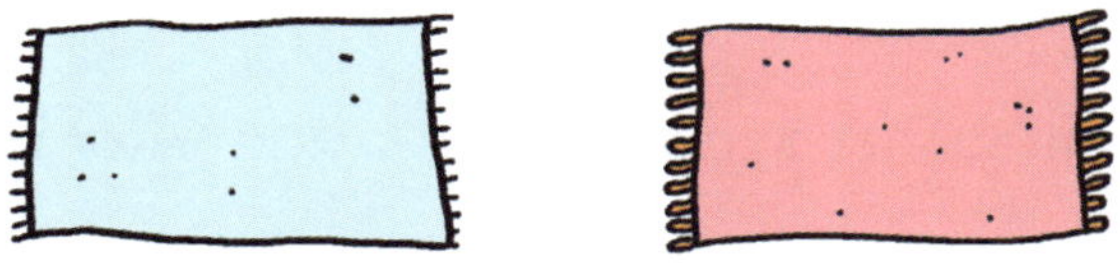

.... + ... = 17

2 Le père de Lali a payé 19 € chez le fleuriste. **Complète** le calcul.

8 + 2 + ... = 19

3 Nino a 16 biscuits. Il en garde 5 pour lui et donne le reste à Lali et à Archi. **Complète**.

.... + ... + ... = 16

4 Lali fait tomber 3 quilles. Elle obtient 18 points. **Écris** deux scores possibles.

.... + ... + ... = 18

.... + ... + ... = 18

5 **Complète**.

+	7	8	9	10
6	13	....	....	....
7	....	....	....	....
8	....	....	....	....

6 **Complète** les suites de nombres.

35 – 36 – ....
.... – 43 – 44
46 – .... – 48

48 – 49 – ....
.... – 40 – 41
49 – .... – 51

Compétence : Calculer avec des nombres entiers.

81 Résoudre des problèmes du champ multiplicatif (2)

Manipulation
Guide p. 158

CALCUL MENTAL
Énoncer des sommes de plusieurs nombres dont le résultat est inférieur à 20.

....

1 L'entraîneur doit laver les vêtements de 5 joueurs. Chaque joueur a un maillot, un short et deux chaussettes.
Combien de vêtements l'entraîneur doit-il laver ?

Je schématise ou j'écris un calcul :

L'entraîneur doit laver .... vêtements.

2 Dans le jardin, il y a 3 poules et 6 chats. Nino les dessine.
Combien de têtes et de pattes dessine-t-il ?

Je schématise ou j'écris un calcul :

Nino dessine .... têtes et .... pattes.

3 Natacha a eu 5 ans hier. Elle a mangé un gâteau avec ses parents, un autre avec ses cousins et un troisième à l'école. À chaque fois, elle a soufflé 5 bougies.
Combien de bougies a-t-elle soufflées en tout ?

Je schématise ou j'écris un calcul :

Natacha a soufflé .... bougies en tout.

Compétence : Résoudre des problèmes du champ multiplicatif en une étape.

1 **Entoure** ce qui fait 10, puis calcule.

9 + 3 + 1 = ... 3 + 6 + 4 = ...

5 + 8 + 5 = ... 5 + 3 + 7 = ...

2 **Complète** la file.

42	....	....	45	46	....	....	49	....	51	....	....	....	55	....

3 **Complète.**

quarante-cinq	45	40 + 5	.... dizaines et .... unités
....	51	....	.... dizaines et .... unité
....	....	....	5 dizaines et 9 unités
....	....	40 + 8	.... dizaines et .... unités

4 **Écris** ces nombres du plus petit au plus grand : 33 52 25 49 40

.... < .... < 35 < .... < .... < ....

5 Trouve deux façons de faire 16 € avec des billets ou des pièces :

Les billets et les pièces peuvent être utilisés plusieur fois. **Complète** les calculs.

.... + ... + ... + ... = 16 € .... + ... + ... + ... = 16 €

6 Le papa de Lali achète 7 billets de tombola. Chaque billet coûte 2 €.
Combien paye-t-il en tout ?

Le papa de Lali paye .... € en tout.

83

Séances 57 à 82

BILAN

1

Échanger 10 unités contre 1 dizaine.

Combien de bonnets y a-t-il ? Complète.

.... + ... + ... + ... + ... = ...

Il y a .... bonnets.

C'est .... dizaines et .... unités.

2

Interpréter les noms des nombres.

Complète.

10 + 10 + 4 = ...	30 + 2 = ...	2 dizaines et 3 unités : ....
10 + 10 + 10 + 8 = ...	50 + 7 = ...	5 dizaines et 2 unités : ....
10 +10 + 10 + 10 + 9 = ...	20 + 2 = ...	2 dizaines et 5 unités : ....

3

Comparer, ranger les nombres jusqu'à 59.

6 **Écris** les nombres à la bonne place pour les ranger du plus petit au plus grand.

20 | 40 | 28 | 25 | 41 | 51 | 58

17	....	....	26	....	29	35	....	....	49	....	53	....

4

Comparer, ranger les nombres jusqu'à 59.

Lali et Nino ont participé à une course de ski.
Nino est arrivé 48e et Lali est arrivée 39e.

Colorie la bonne réponse.

Nino est arrivé [*avant* / *après*] *Lali.*

5

Compléter à la dizaine supérieure.

Complète les calculs.

8 + ... = 10	5 + ... = 10	4 + ... = 10
18 + ... = 20	35 + ... = 40	22 + ... = 30
48 + ... = 50	15 + ... = 20	12 + ... = 20

6

Utiliser des stratégies de calcul.

Complète.

7 + [4] + [4]
...... + [......] = [......]

[3] + [7] + 6
[......] + ... = [......]

6 + [7]
...... + [......] + [......] = [......]

7

Calculer avec les nombres jusqu'à 19.

Complète les calculs.

.... + ... = 12

.... + ... = 15

.... + ... = 19

.... + ... + ... = 12

.... + ... + ... = 15

.... + ... + ... = 19

.... + ... + ... + ... = 12

.... + ... + ... + ... = 15

.... + ... + ... + ... = 19

8

Reconnaître le carré, le rectangle, le triangle, le cercle.

Entoure en **rouge** les carrés, en **bleu** les rectangles, en **vert** les cercles et en **noir** les triangles.

9

Résoudre un problème.

Recopie l'opération qui permet de résoudre chaque problème.

20 + 12 = 32 20 – 12 = 8

• Lali donne 12 chouchous à sa meilleure amie.
Il lui reste 20 chouchous.
Combien avait-elle de chouchous ? ....

• Il y a 20 patineurs à la patinoire. 12 patineurs s'en vont.
Combien de patineurs reste-t-il ? ....

EN ROUTE POUR

Défi animé
lienmini.fr/archicp7

Défi 7 *Lire l'heure*

L'AVENTURE !

Défi animé
lienmini.fr/archicp8

Défi 8 *Comparer des longueurs*

Trophée

84 Lire l'heure

Manipulation
Guide p. 162

CALCUL MENTAL
Énoncer des calculs issus des tables d'addition de 5 et 6.

....

1 **Relie** chaque image de la journée d'école de Lali à l'horloge qui correspond.

2 **Colorie** l'aiguille des heures en **bleu**.

2 heures | 5 heures | 11 heures

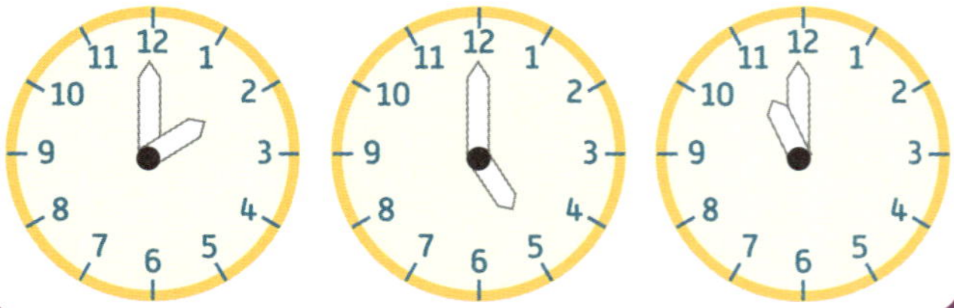

3 **Dessine** l'aiguille manquante en **rouge** ou en **bleu**.

4 heures | 6 heures | 2 heures

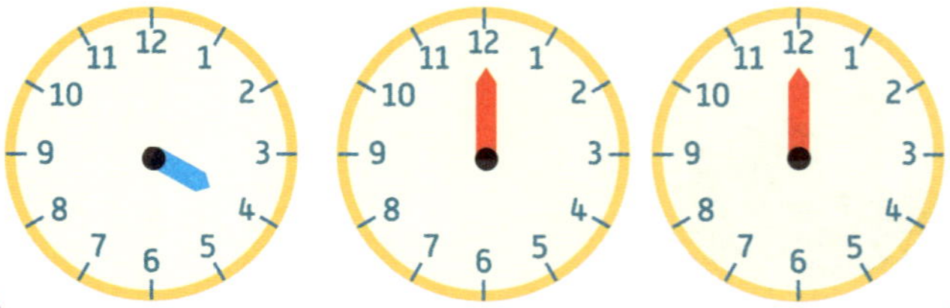

4 **Relie** chaque réveil à l'horloge qui correspond.

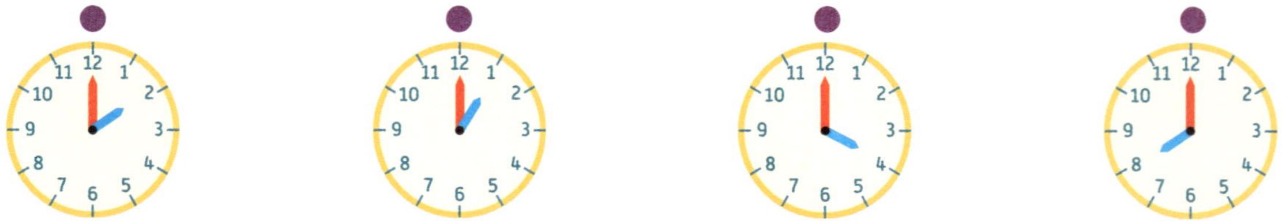

5 **Complète** avec < ou > .

7 17 | 25 5 | 18 21 | 20 19
47 28 | 31 32 | 23 32 | 48 40

Compétence : Lire des horaires sur une horloge à aiguilles en heures entières.

85 Construire des collections à partir de décompositions

Manipulation
Guide p. 164

CALCUL MENTAL
Énoncer des calculs issus des tables d'addition de 7 à 9.

……… ……… ……… ……… ………

1 Les hamsters ont faim ! Lali et Nino veulent leur cuisiner des œufs brouillés.
Colorie en **rouge** les œufs que prend Lali et en **vert** les œufs que prend Nino.

2 **Colorie** 4 dizaines et 6 unités.

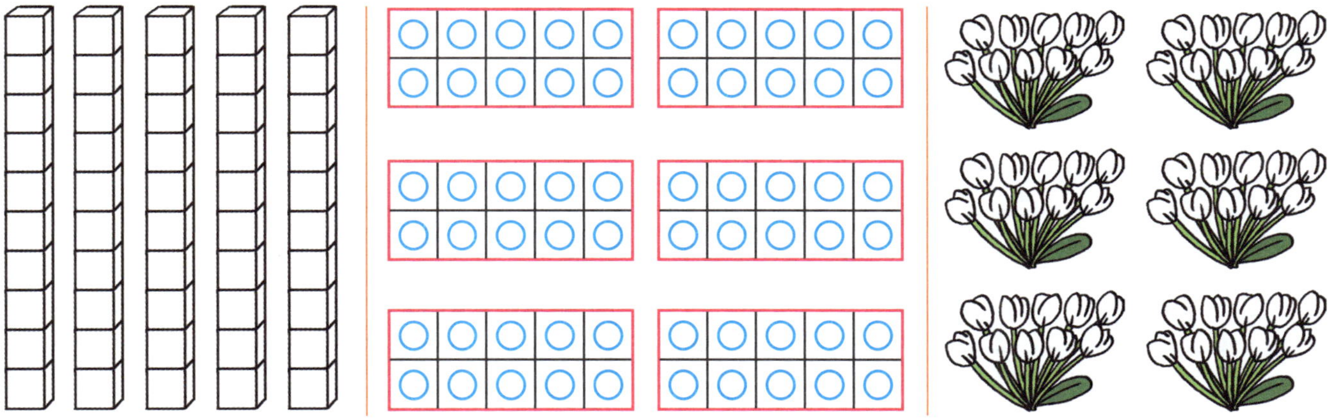

3 **Complète** le tableau comme dans l'exemple.

25	10 10 ○ ○ ○ ○ ○	20 + 5	10 + 10 + 5
………		50 + 2	………………………………………………
………		……………	10 + 10 + 10
………		40 + 9	………………………………………………

86 Construire le tableau des nombres jusqu'à 59

Manipulation
Guide p. 166

CALCUL MENTAL
Énoncer des nombres sous le forme de dizaines et d'unités.
Ex. : 3 dizaines et 8 unités.

....

1 Les hamsters ont grignoté des cases du tableau des nombres.
Répare-le : **complète** les cases qui manquent.

0	1	2	3	4	5	6	7	8	9
10	....	12	13	....	15	16	17	18	....
....	21	22	23	24	25	....	27	28	29
30	31	....	....	34	35	36	37	38	39
40	41	42	43	....	....	....	47	48	49
....	51	52	53	54	55	56	....	....	....

2 **Écris** les nombres au bon endroit.

47 | 36 | 24 | 33 | 42 | 54 | 27 | 56

22	23	....	25	26	....
32	....	34	35	....	37
....	43	44	45	46	....
52	53	....	55	....	57

3 **Complète** les cases vides.

10	11	....	13	14	....
20	....	....	....	24	....
....	31	....	33	....	....
....	....	42	43	44	45

4 Qui suis-je ? **Complète.**

- *Mon chef de famille est 30 et j'ai 7 unités :* ....
- *J'ai 5 unités et mon chef de famille est 20 :* ....
- *Je suis un chef de famille ayant 5 dizaines :* ....
- *Je suis le nombre avant 35 :* ....
- *Je suis un nombre avec 9 unités :* ....

5 Lali a cueilli 19 cerises. Elle les distribue à Nino, Anita et Malik.
Dessine les 19 cerises sur les plateaux et **complète** le calcul.

.... + ... + ... = 19

Compétence : Calculer avec des nombres entiers.

87 Ajouter ou retrancher 10

CALCUL MENTAL
Énoncer des calculs issus des tables d'addition.

....

Manipulation
Guide p. 168

1 **Dessine** les noisettes obtenues après chaque lancer de dé. **Écris** leur nombre.

27 +10 → ....

34 -10 → ....

2 **Écris** le nombre obtenu après chaque lancer de dé.

24 +10 → ....

37 -10 → ....

10 +10 → ....

42 +10 → ....

56 -10 → ....

Tu peux t'aider du tableau des nombres.

0	1	2	3	4	5	6	7	8	9
10									
20				24					
30							37		
40		42							
50						56			

3 **Complète.**

6 (+10) → .... (+10) → ....

.... (−10) ← 12 (+10) → ....

31 (+10) → .... (+10) → ....

38 (+10) → .... (+10) → ....

.... (−10) ← .... (−10) ← 50

.... (−10) ← .... (−10) ← 57

4 **Complète.**

14 + 10 = ...	10 + 36 = ...	25 – 10 = ...	55 – 10 = ...
46 + 10 = ...	10 + 25 = ...	48 – 10 = ...	30 – 10 = ...

Compétence : Mémoriser des faits numériques et des procédures.

88 Ajouter ou retrancher des dizaines entières

CALCUL MENTAL
Énoncer des opérations avec + 10 et – 10. *Ex.* : 34 + 10, 39 – 10.

....

Manipulation
Guide p. 170

1 **Dessine** les noisettes obtenues après chaque lancer de dé. **Écris** leur nombre.

21 → +20 → ....

48 → -30 → ....

2 **Écris** le nombre obtenu après chaque lancer de dé.

Nombre	Dé	Résultat
16	+20	....
27	+10	....
34	-20	....
26	+20	....
52	-30	....

0	1	2	3	4	5	6	7	8	9
10						16			
20						26	27		
30				34					
40									
50		52							

3 **Complète**.

13 + 20 = ... 18 + 30 = ... 29 + 10 = ... 5 + 30 = ...

13 – 10 = ... 36 – 20 = ... 54 – 30 = ... 45 – 10 = ...

4 **Complète**.

14 + 30 = ... 30 + 25 = ...

26 – 10 = ... 48 – 20 = ...

40 + 12 = ... 39 – 10 = ...

5 **Dessine** l'aiguille manquante.

7 heures 10 heures 3 heures

Compétence : Mémoriser des faits numériques et des procédures.

89 Construire la table d'addition (2)

Manipulation
Guide p. 172

CALCUL MENTAL
Énoncer des opérations avec l'ajout ou le retrait de dizaines entières.
Ex. : 2 + 30, 41 − 20.

....

1 Lali doit apprendre par cœur les résultats de la table d'addition, mais Archi a marché sur certaines cases ! Aide Lali : **complète** les cases restantes.

+	3	4	5	6	7	8	9
3		....			....		....
4			....	....	....		
5	....			....			....
6						....	
7			....	....		....	

2 **Recopie** les calculs dans les bonnes maisons.

7 + 7 | 8 + 8 | 6 + 10 | 5 + 9 | 9 + 6 | 9 + 7 | 10 + 5 | 7 + 8 | 6 + 8

3 **Complète** les calculs.

3 + ... = 8
11 = ... + 5
9 + ... = 17
7 = ... + 4
16 = 7 + ...
5 + ... = 15

7 + ... = 12
9 = 5 + ...
13 = ... + 9
8 + ... = 15
12 = 6 + ...
11 = 9 + ...

4 À l'aide de ton pochoir, **trace** un carré et un triangle.

Compétence : Mémoriser des faits numériques et des procédures.

90 Résoudre des problèmes utilisant les euros (2)

Manipulation
Guide p. 174

CALCUL MENTAL
Énoncer des calculs issus des tables d'addition.

....

* **1** Nino a 23 € dans sa tirelire. Sa grande sœur en a le double.
Combien d'euros la sœur de Nino a-t-elle ?

Je dessine les billets et les pièces :

Je calcule : ....

Elle a .... euros dans sa tirelire.

** **2** Lali, Nino et Archi veulent s'acheter chacun une paire de baskets à 21 €.
Combien d'euros vont-ils payer en tout ?

Je dessine les billets et les pièces :

Je calcule : ....

En tout, ils vont payer .... euros.

*** **3** Lali, Nino et Archi veulent se partager 27 € et avoir autant d'euros chacun.
Combien d'euros chacun aura-t-il ?

Je dessine ou je schématise :

Je calcule : ....

Chacun aura .... euros.

Compétence : Résoudre des problèmes impliquant des prix.

91 Tracer un carré, un rectangle, un triangle

Manipulation
Guide p. 176

CALCUL MENTAL
Énoncer des calculs qui ont 10 pour résultat.

....

1 **Termine** de tracer les figures géométriques.

un carré — un rectangle — un triangle

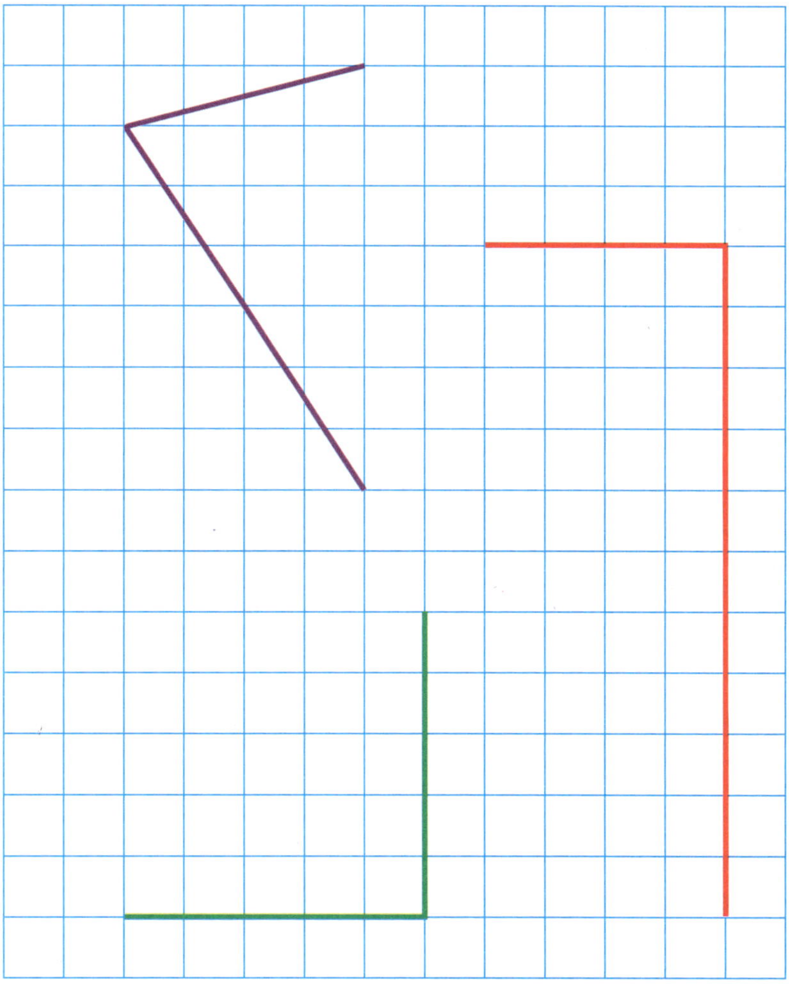

2 **Colorie** le bon nombre de carreaux pour obtenir un carré **rouge**, un rectangle **vert** et un triangle **noir**.

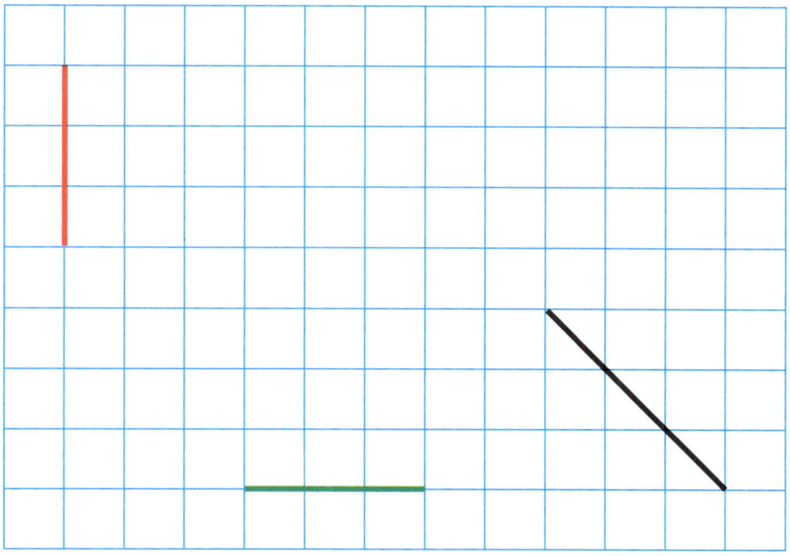

3 **Dessine** l'aiguille des heures en **bleu**.

Compétence : Reproduire des figures planes sur papier quadrillé.

92 JE M'ENTRAÎNE

1 * **Dessine** l'aiguille des heures en **bleu**.

3 heures

7 heures

9 heures

12 heures

2 * **Complète** le tableau comme dans l'exemple.

48	4 dizaines et 8 unités	10 + 10 + 10 + 10 + 8	40 + 8
....	.... dizaines et .... unités	....	30 + 6
....	.... dizaines et .... unité	10 + 10 + 10+ 10 + 10 +10 + 1	....
....	4 dizaines	....	....
57	.... dizaines et .... unités	....	....

3 ** **Complète** les calculs.

13 + 10 = ... 39 + 10 = ... 15 + 20 = ... 30 + 26 = ...

40 – 10 = ... 35 – 10 = ... 48 – 30 = ... 29 – 10 = ...

4 ** **Recopie** les calculs dans les bonnes maisons.

8 + 9 | 3 + 10 | 7 + 6 | 9 + 8 | 6 + 6 | 8 + 5 | 7 + 5 | 10 + 7 | 8 + 4

5 ** Lali a 28 € dans son porte-monnaie. Nino en a le double.
Combien d'euros Nino a dans son porte-monnaie ?

Nino a .... euros dans son porte-monnaie.

93 Connaître les nombres de 60 à 69

Manipulation
Guide p. 178

CALCUL MENTAL
Montrer des pièces et des billets.
→ Les élèves écrivent la somme correspondante.

....

1 Nino souhaite construire cette tour. Il a besoin de 63 allumettes.
Dessine-les, puis **complète**.

63 = ...

2 **Complète** la suite des nombres.

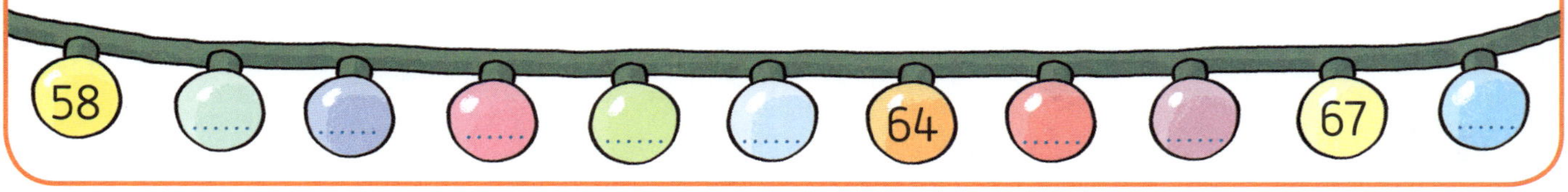

3 **Complète** le tableau comme dans l'exemple.

soixante-cinq	65	60 + 5	6 dizaines et 5 unités
soixante	60	.... + ...	.... dizaines et .... unité
soixante-neuf	....	.... + ...	.... dizaines et .... unités
soixante-deux	....	.... + ...	.... dizaines et .... unités
soixante-six	66	.... + ...	.... dizaines et .... unités

4 La dompteuse a préparé les plots pour un numéro avec 30 souris. 17 souris sont arrivées. **Combien de souris manque-t-il ?**

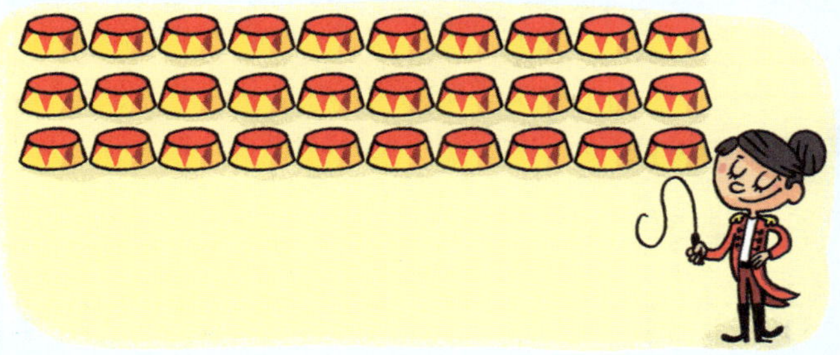

Il manque .... souris.

94 Connaître les nombres de 70 à 79

Manipulation
Guide p. 180

CALCUL MENTAL
Énoncer des décompositions entre 60 et 69. → Les élèves écrivent le nombre correspondant.

....

1 Jasper range ses 75 balles de jonglage dans des seaux de 10. **Continue** le dessin pour que Jasper ait bien 75 balles sur la piste, puis **complète**.

75 = ...
....

75, c'est .... dizaines et .... unités.

2 **Combien de bulles Lali a-t-elle faites ? Complète.**

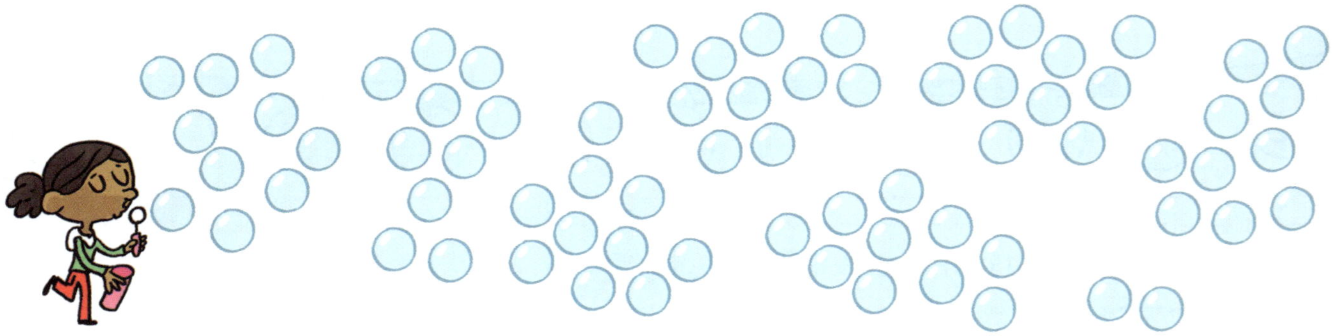

Lali a fait .... bulles.

3 **Complète** la file et **relie** les étiquettes aux nombres en chiffres.

69	....	71	72	....	....	75	....	77	....	79

soixante-treize • soixante-dix • soixante-seize • soixante-dix-huit

4 **Complète**.

60 + 19 = ...
60 + 11 = ...

60 + 17 = ...
60 + 12 = ...

70 + 3 = ...
70 + ... = 78

Compétence : Nommer, lire, écrire, représenter des nombres entiers.

95 Connaître les moitiés

Manipulation
Guide p. 182

CALCUL MENTAL
Énoncer des décompositions entre 70 et 79. → Les élèves écrivent le nombre correspondant.

....

1 Lali et Nino veulent planter 16 graines de haricots. Ils se les partagent en deux parts égales. **Dessine** les graines de Lali, puis celles de Nino. **Complète**.

.... + ... = 16

La moitié de 16, c'est ....

Lali et Nino ont chacun .... graines.

2 **Entoure** la moitié de chaque collection et **complète**.

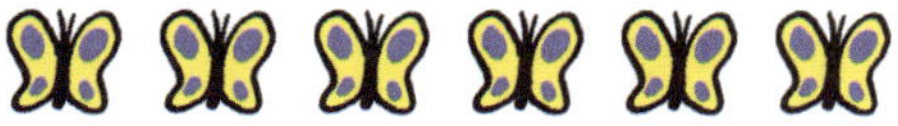

.... + ... = 6 *La moitié de 6, c'est ....*

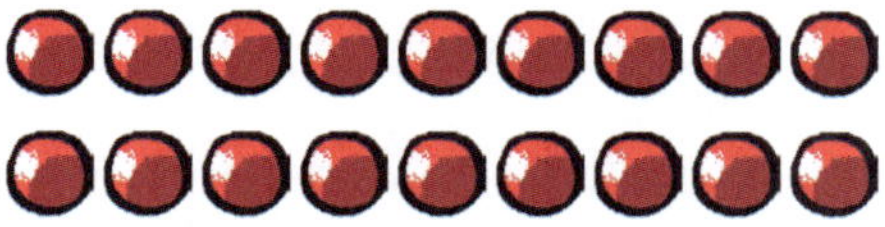

.... + ... = 18 *La moitié de 18, c'est ....*

.... + ... = 12 *La moitié de 12, c'est ....*

3 **Complète**.

5 + ... = 10 *La moitié de 10, c'est ....*

7 + ... = 14 *La moitié de 14, c'est ....*

2 + ... = 4 *La moitié de 4, c'est ....*

10 + ... = 20 *La moitié de 20, c'est ....*

4 Nino reçoit des invités. Il y a 10 chaussures dans l'entrée. **Combien d'invités y a-t-il ?**

Il y a .... invités.

Compétence : Connaître et retrouver rapidement la moitié des nombres pairs inférieurs à 20.

96 Écrire un nombre sous différentes formes

Manipulation
Guide p. 184

CALCUL MENTAL
Faire écrire les résultats de la moitié de 4, la moitié de 12, etc.

....

1 Aide Nino : **relie** les étiquettes à la quantité qui correspond.

2 d et 9 u •

1 d et 7 u •

4 d et 1 u •

3 d et 5 u •

2 **Barre** les cases du tableau qui sont fausses.

23	36	49
20 + 3	30 + 6	40 + 6
3 d et 2 u	3 d et 6 u	4 d et 9 u
10 + 10 + 3	10 + 10 + 10 + 10 + 6	10 + 10 + 10 + 10 + 9

3 **De combien d'œufs Archi a-t-il besoin ?**

Archi a besoin de .... œufs.

4 **Complète** les cases vides du tableau des nombres.

14	15	....	17
....	25	26	....
34	....	....	37
....	....	46	47
....	55	....	....

Compétence : Utiliser diverses représentations des nombres.

97 Résoudre des problèmes de géométrie

Manipulation
Guide p. 186

CALCUL MENTAL
En appui sur le tableau des nombres, énoncer des devinettes.
Ex. : Je suis le nombre avant 50.

....

1 Archi veut attraper 5 vaches qui sont dans le pré. Pour cela, il doit les enfermer dans un carré. **Relie** les points pour tracer le carré qui permettra d'enfermer les 5 vaches.

2 Archi veut terminer ce mur de briques. **Combien de briques lui manque-t-il ?**

Il lui manque .... briques.

3 **Combien y a-t-il de triangles dans cette figure ? Utilise** tes crayons de couleur pour chercher.

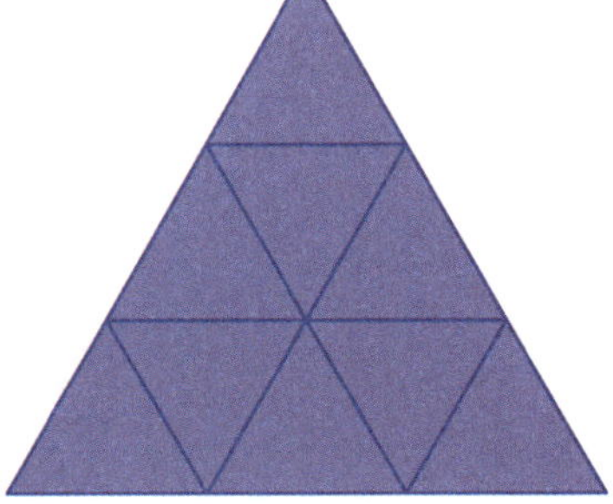

Essai 1 :

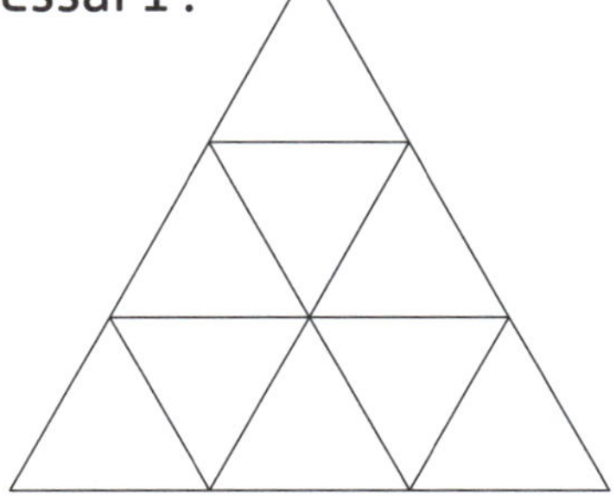

Essai 2 :

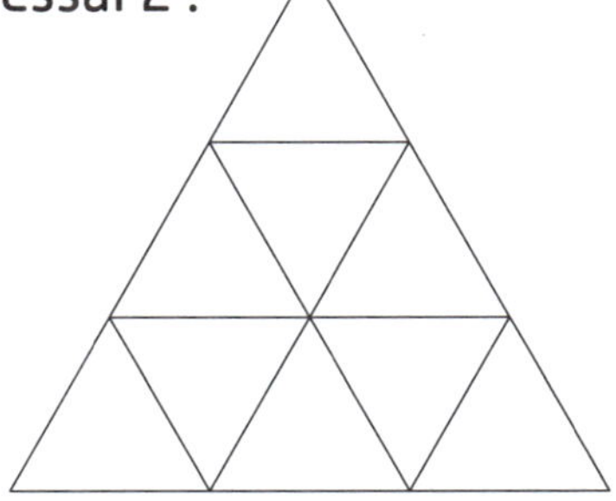

Il y a .... triangles en tout.

98 Comparer des longueurs (2)

Manipulation
Guide p. 188

CALCUL MENTAL
Énoncer des décompositions jusqu'à 69. ➔ Les élèves écrivent le nombre correspondant.

....

1 Une fourmi marche du point A au point B sur les bords de ces deux morceaux de fromage. **Quel est le chemin le plus long ? Entoure** la bonne réponse.

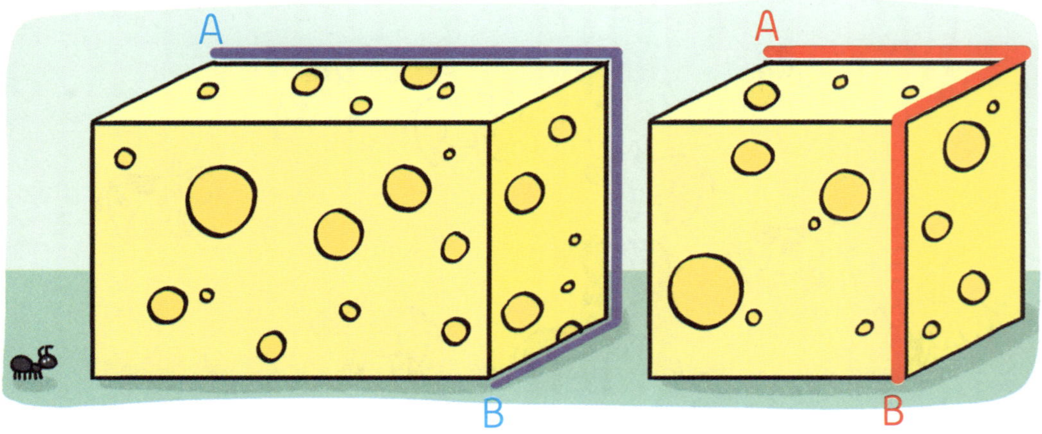

Le chemin sur   *est le plus long.*

2 **Quel hamster a parcouru le chemin le plus court ? Entoure** la bonne réponse.

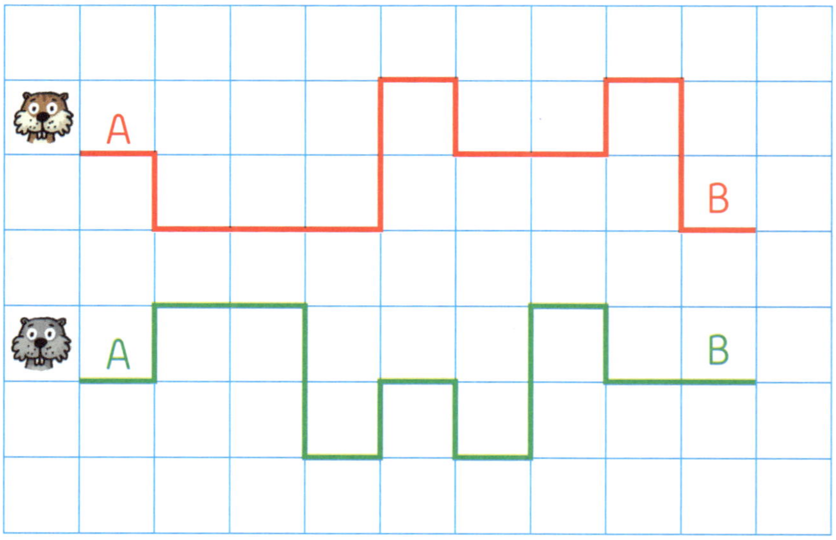

Le chemin le plus court est celui de  .

3 **Repasse** sur le côté le plus long de chaque figure.

Compétence : Comparer des segments selon leur longueur.

99 Mesurer et comparer des longueurs

CALCUL MENTAL
Énoncer des opérations avec l'ajout ou le retrait d'une unité.

....

Manipulation
Guide p. 190

1 **Mesure** les bandes de couleur à l'aide de ta règle, puis **complète** le tableau.

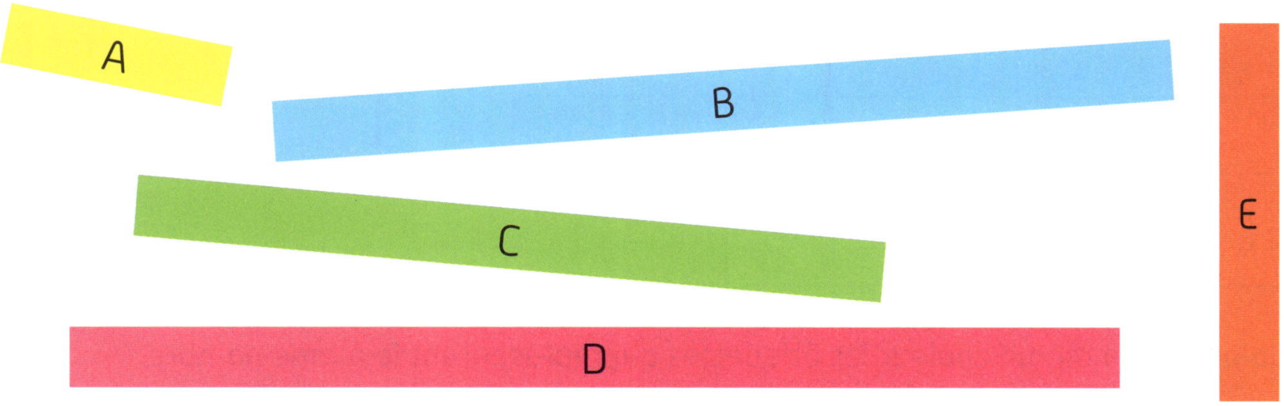

Bande	A	B	C	D	E
Mesure en cm	....	....	....	....	....

Range les bandes de la plus longue à la plus courte. **Écris** la lettre qui correspond.

....

2 Combien de wagons contient ce train ? Aide-toi de ta règle et **complète**.

Le train contient .... wagons.

3 **Mesure** les chemins des deux hamsters à l'aide de ta règle et **entoure** la bonne réponse.

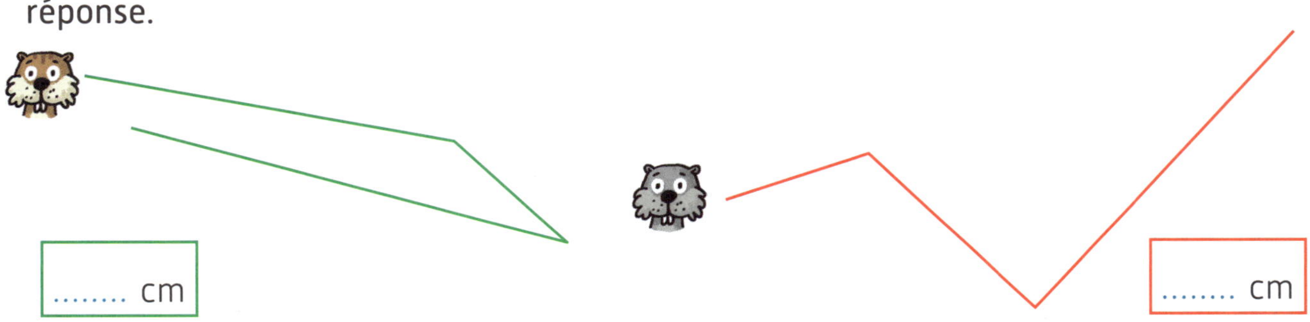

.... cm .... cm

Le chemin le plus long est celui de [hamster] [hamster].

100 JE M'ENTRAÎNE

1 * **Trace** en **noir** un triangle, en **rouge** un rectangle et en **vert** un carré.

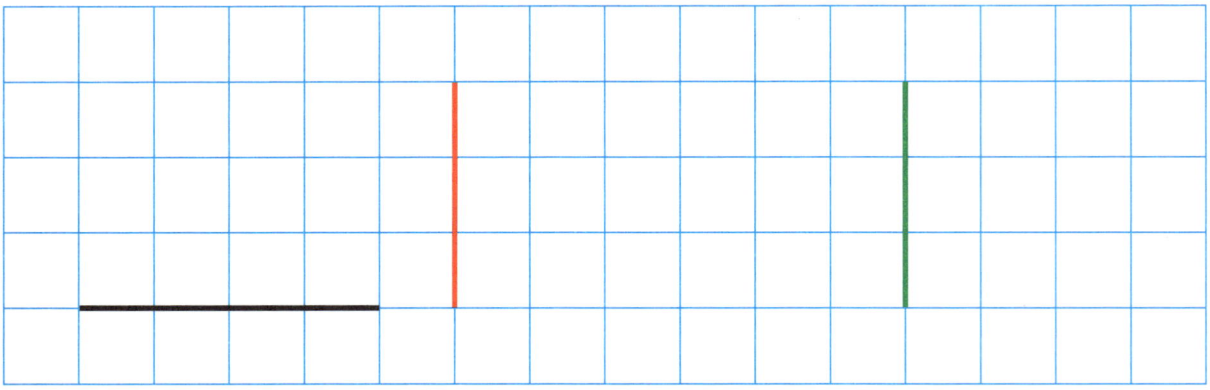

2 * **Colorie** de la même couleur les étiquettes qui représentent le même nombre.

soixante-quatre | soixante-quinze | 5 d et 3 u | 16 | 53

6 u et 1 d | 68 | seize | 4 u et 6 d | 8 u et 6 d

5 u et 7 d | soixante-huit

3 ** **Entoure** la moitié de chaque collection, puis **complète** le calcul.

.... + ... = 8

.... + ... = 14

.... + ... = 20

4 ** Pour réaliser son bracelet, Lali doit utiliser un fil de 9 cm. **Mesure** chaque fil et **complète**. **Entoure** le fil que Lali devra choisir.

 .... cm

 .... cm

 .... cm

 .... cm

 .... cm

 .... cm

Range les fils, selon la couleur, du plus grand au plus petit : **colorie**.

101 Connaître les nombres de 60 à 79

Manipulation
Guide p. 192

CALCUL MENTAL
Énoncer des calculs issus des tables d'addition.

....

1 **Colorie** de la même couleur ce qui représente le même nombre.

60 76 70 66 68 79

soixante-huit soixante-six soixante-dix-neuf soixante soixante-seize soixante-dix

2 **Complète**.

70 + 1 = ...	60 + 9 = ...	60 + 17 = ...	20 + 6 = ...
60 + 3 = ...	7 + 5 = ...	70 + 7 = ...	60 + 12 = ...

7 dizaines et 2 unités : .... 6 dizaines et 2 unités : .... 7 dizaines : ....

3 **Dessine** des pièces et des billets pour obtenir 74 euros.

4 Au début de l'année, il y avait 6 dizaines de crayons dans la classe.
25 crayons ont été perdus.
Combien de crayons reste-t-il ?

Il reste .... crayons.

Compétence : Nommer, lire, écrire, représenter des nombres entiers.

102 Comparer et ranger les nombres jusqu'à 79

Manipulation
Guide p. 194

CALCUL MENTAL
Énoncer des décompositions jusqu'à 79. → Les élèves écrivent le nombre correspondant.

……… ……… ……… ……… ………

1 **Écris** 6 nombres différents à l'aide des 3 chiffres tenus par chaque personnage.

……… ……… ……… ……… ……… ………

Écris ces nombres du **plus petit** au **plus grand**.

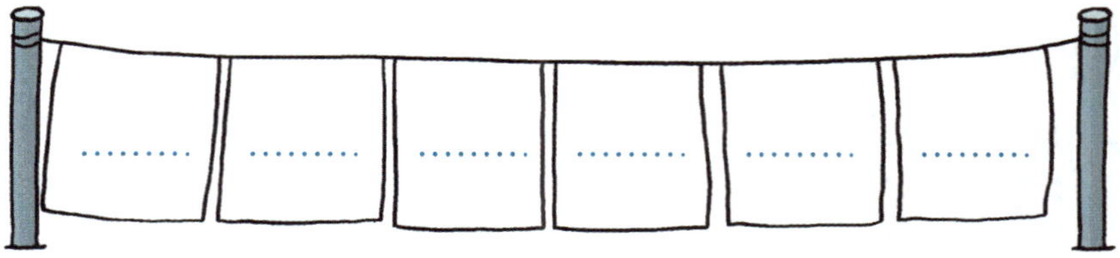

……… ……… ……… ……… ……… ………

Écris ces nombres du **plus grand** au **plus petit**.

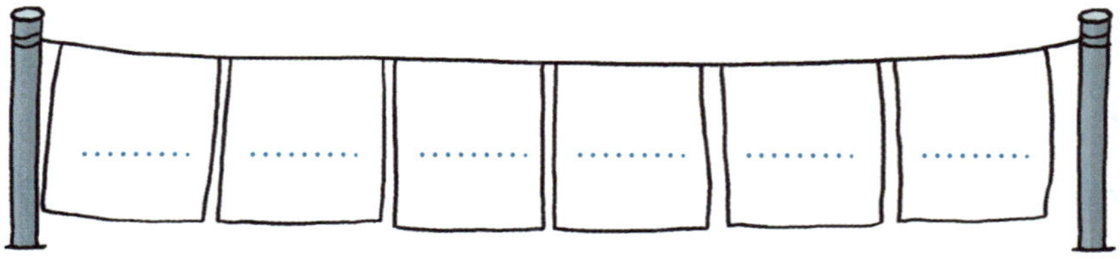

2 **Écris** < ou >.

45 ◯ 62		28 ◯ 70	
78 ◯ 54		61 ◯ 69	
63 ◯ 36		78 ◯ 77	
40 ◯ 70		72 ◯ 27	

3 **Colorie** le nombre le plus grand.

60 + 2	42
27	70 + 2
66	6 dizaines

4 **Écris** < ou >.

75 ◯ 70 + 2 — 40 + 6 ◯ 60 + 4 — 62 ◯ 2 dizaines et 6 unités

68 ◯ 6 dizaines — 10 + 10 + 10 + 2 ◯ 10 + 10 + 10 + 10 + 10 + 5

5 **Colorie** les rectangles en **vert** et les carrés en **bleu**.

Compétence : Comparer, ranger des nombres entiers en utilisant les symboles <, >.

103 Résoudre des problèmes de partage

Manipulation
Guide p. 196

CALCUL MENTAL
Énoncer des ajouts ou des retraits de petits nombres jusqu'à 79.
Ex. : 66 + 3, 67 – 2, etc.

....

* **1** La grand-mère de Lali a 24 chaussures. Elle veut les ranger par 2 dans des boîtes.
Combien de boîtes utilisera-t-elle ?

Je schématise :

Je calcule : ....

Elle utilisera .... boîtes.

* **2** Le fleuriste a 15 fleurs. Il veut préparer 3 bouquets identiques.
Combien de fleurs y aura-t-il dans chaque bouquet ?

Je schématise :

Je calcule : ....

Il y aura .... fleurs dans chaque bouquet.

** **3** Nino, Chan, Lali et Pablo ont cueilli 20 mûres. Ils veulent en avoir autant chacun.
Combien de mûres aura chaque enfant ?

Je schématise :

Je calcule : ....

Chaque enfant aura .... mûres.

104 Poser l'addition en colonnes (1)

Manipulation
Guide p. 198

CALCUL MENTAL
Montrer des heures entières sur une horloge à aiguilles.
➔ Faire écrire l'heure correspondante.

....

1 Lali a préparé 36 crêpes pour la fête de l'école. Nino en a préparé 23.
Combien de crêpes ont-ils préparées en tout ? Complète.

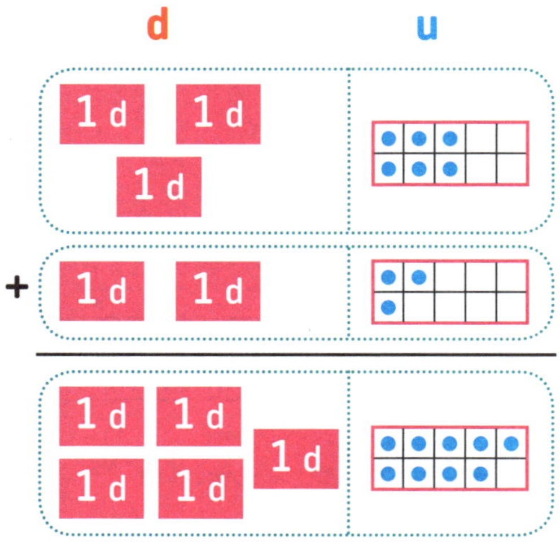

	d	u
	3	6
+	2	3
	.	.

36 + 23 = . .

Il y a . . crêpes en tout.

2 Complète et calcule.

27 + 42 = . .

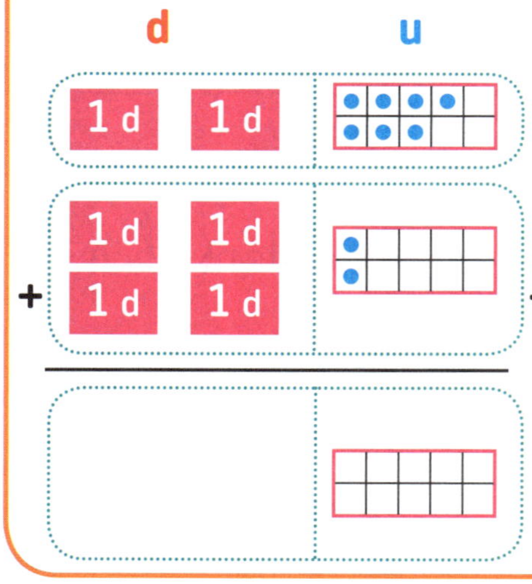

	d	u
	2	7
+	4	2
	.	.

32 + 21 = . .

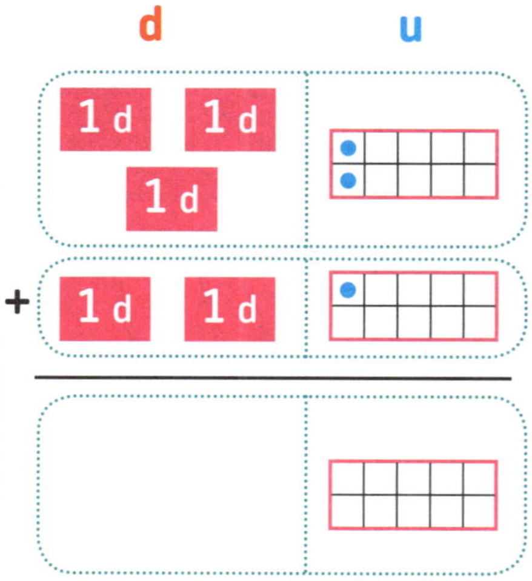

	d	u
	3	2
+	2	1
	.	.

3 Dans la ferme, il y a 27 moutons et 41 oies. **Combien d'animaux y a-t-il en tout ?**

	d	u
	.	.
+	.	.
	.	.

Il y a . . animaux en tout.

Compétence : Mettre en œuvre un algorithme de calcul posé pour l'addition.

105 Poser l'addition en colonnes (2)

CALCUL MENTAL
Énoncer des calculs issus des tables d'addition.

....

Manipulation
Guide p. 200

1 Lali et Nino ont joué à la pêche aux canards. Nino a pêché 21 canards et Lali 52.
Ils veulent savoir combien ils en ont pêché en tout. **Observe** leur méthode et **complète**.

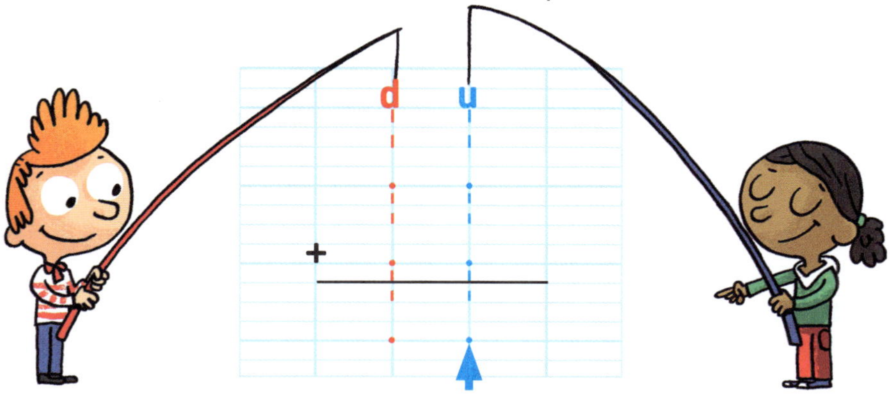

21 + 52 = . .

Lali et Nino ont pêché . . canards.

2 **Pose** les additions et **calcule**-les.

53 + 25 = . .

44 + 15 = . .

30 + 47 = . .

	d	u
+		

	d	u
+		

	d	u
+		

3 **Barre** les additions qui sont fausses.

	d	u
	3	6
+	2	2
	5	8

	d	u
	2	2
+	5	3
	7	8

	d	u
	3	4
+	1	2
+		2
	4	8

	d	u
	2	2
+	2	1
+	3	
	7	3

4 **Calcule.**

58 – 8 = ... 33 – 3 = ... 75 – 3 = ... 47 – 5 = ...

30 – 5 = ... 50 – 3 = ... 60 – 7 = ... 80 – 1 = ...

Compétence : Mettre en œuvre un algorithme de calcul posé pour l'addition.

106 Reproduire une figure sur papier pointé

Manipulation
Guide p. 202

CALCUL MENTAL
Énoncer des calculs issus des tables d'addition.

1 **Reproduis** le dessin avec ta règle.

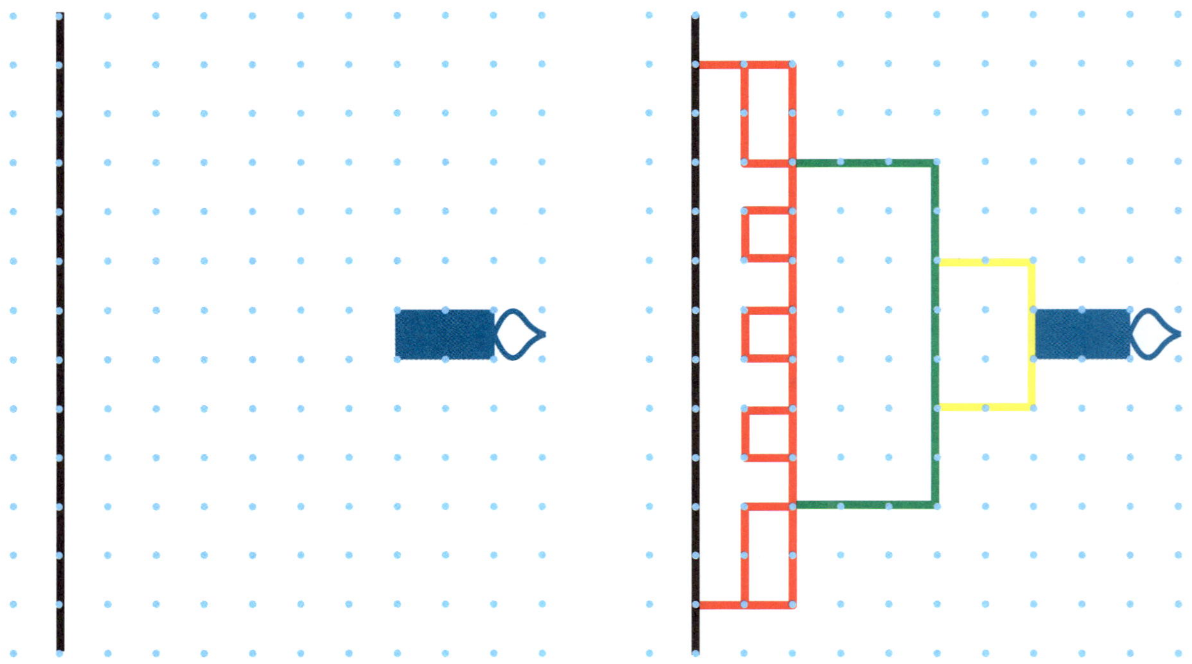

2 **Reproduis** le dessin avec ta règle.

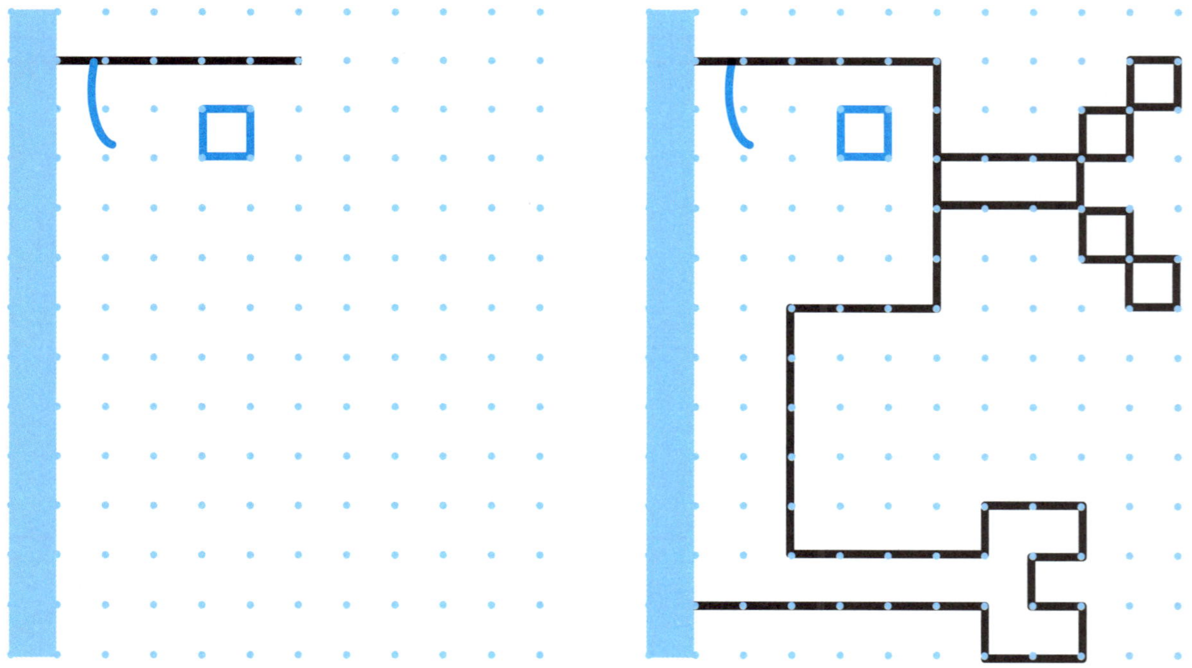

Compétence : Reproduire des figures sur papier pointé.

107 Assembler des figures géométriques simples

CALCUL MENTAL
Énoncer des additions simples à deux ou trois termes.
Ex. : 9 + 3, 7 + 4 + 2, etc.

....

Manipulation
Guide p. 204

1 Observe cette figure composée et **complète**.

Il y a .... carrés, ... triangles et .... rectangles.

2 **Construis** un grand triangle à l'aide du petit triangle de ton pochoir.

3 **Reproduis** ce rectangle à l'aide du grand carré, du rectangle moyen et du petit carré de ton pochoir.

Compétence : Associer des formes géométriques pour reproduire une figure.

108 Résoudre des problèmes de logique

Manipulation
Guide p. 206

CALCUL MENTAL
Énoncer des additions simples à deux ou trois termes.
Ex. : 4 + 5, 7 + 8 + 4, etc.

....

*** 1** Lali, Nino, Archi et Benito sont dans la tour.
Archi (A) est tout en bas de la tour.
Nino (N) est plus haut que Lali (L).
Benito (B) est entre Nino et Lali.

Où se trouve chaque personnage ?

Écris les initiales de chaque prénom dans la tour jaune.

Essai 1	Essai 2	Essai 3
....	....	....
....	....	....
....	....	....
....	....	....

Réponse :

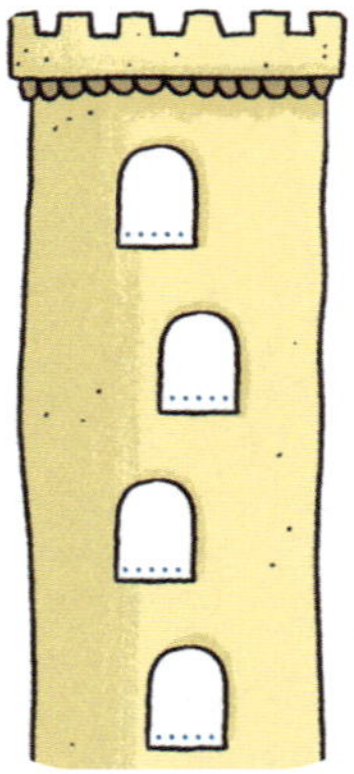

**** 2** Archi a colorié 4 figures géométriques avec ces 4 couleurs.

jaune bleu vert rouge

Colorie chaque forme de la bonne couleur en t'aidant des indices.

> Le carré n'est pas jaune.
> L'étoile est verte.
> La figure bleue n'a pas 4 côtés.

Essai 1

Essai 2

Essai 3

Réponse :

**** 3** Les 4 hamsters de Jasper ont des nœuds papillon de couleurs différentes.

orange vert jaune bleu

Colorie le nœud de chaque hamster en t'aidant des indices.

> Bijou a le nœud papillon orange.
> Le nœud de Coco n'est pas jaune.
> L'un des deux hamsters femelles a un nœud bleu.

Essai 1

Bijou Bidule Mimi Coco

Essai 2

Bijou Bidule Mimi Coco

Réponse :

Bijou Bidule Mimi Coco

Compétence : S'engager dans une démarche de résolution de problèmes.

1 **Écris** <, > ou =.

72 … 75		68 … 60	
65 … 60 + 5		68 … 70	
6 d … 7 u		70 + 8 … 72	
71 … 60 + 11		73 … 76	

6 d et 5 u … 5 d et 6 u

7 d et 3 u … 7 d et 2 u

2 **Range** les nombres :

- du plus grand au plus petit :

17 | 73 | 70 | 61 | 37

…… …… …… …… ……

- du plus petit au plus grand :

62 | 78 | 60 | 71 | 69

…… …… …… …… ……

3 **Pose** les additions et **calcule**-les.

42 + 21 = . .

12 + 36 = . .

20 + 52 = . .

67 + 22 = . .

4 **Reproduis** la figure sur le papier pointé.

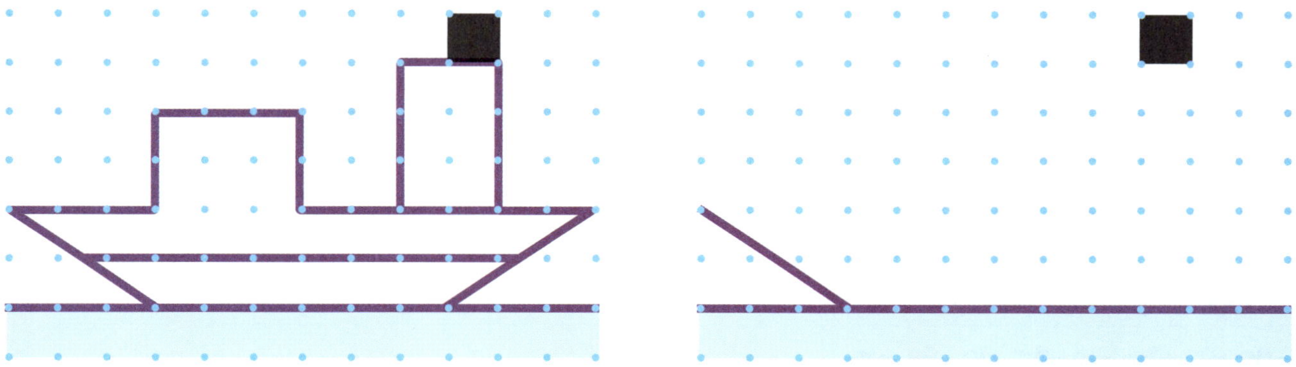

5 Lali, Nino et Archi se partagent 15 cerises.
Combien de cerises auront-ils chacun ?

Chacun aura …….. cerises.

Séances 84 à 109

BILAN

1 Calculer avec des nombres entiers.

• **Entoure** par 10 et **complète** les phrases :

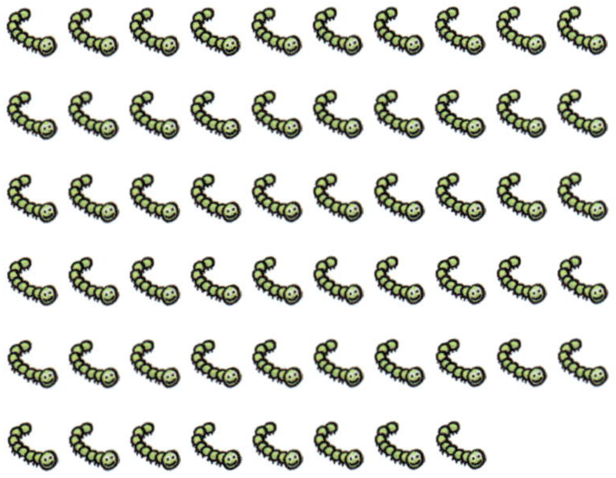

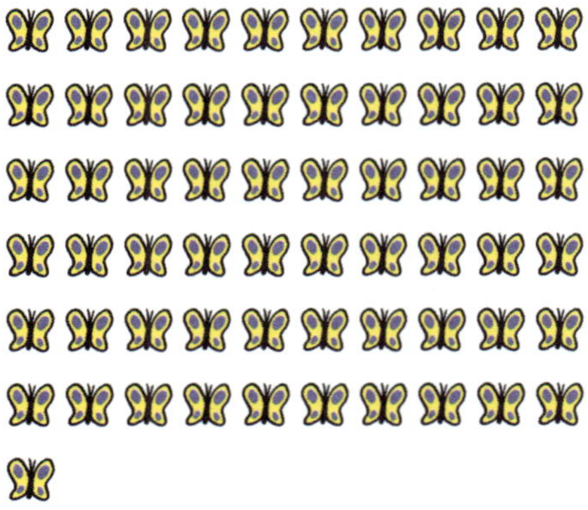

Il y a .... dizaines et .... unités. | *Il y a .... dizaines et .... unité.*

Il y a .... chenilles et .... papillons.

• **Complète** avec *plus*, *moins* ou *autant* :

Il y a ________________ de chenilles que de papillons.

• **Complète** avec les nombres trouvés : .... < ....

2 Nommer, lire, écrire, représenter des nombres entiers.

Complète la suite de nombres.

63	....	65	....	....	....	69	....	....	72	73	....	75	....

3 Connaître la moitié des nombres pairs inférieurs à 20.

Entoure la moitié et **complète**.

.... + ... = 10 *La moitié de 10, c'est ....*

.... + ... = 16 *La moitié de 16, c'est ....*

4 Mémoriser des faits numériques et des procédures.

Complète les calculs.

24 – 10 = ... 35 + 10 = ... 40 + 10 = ... 69 + 10 = ...

43 – 20 = ... 33 – 30 = ... 36 + 30 = ... 50 + 20 = ...

5

Lire des heures entières.

Dessine les aiguilles sur les horloges et **complète**.

2 heures	9 heures	11 heures

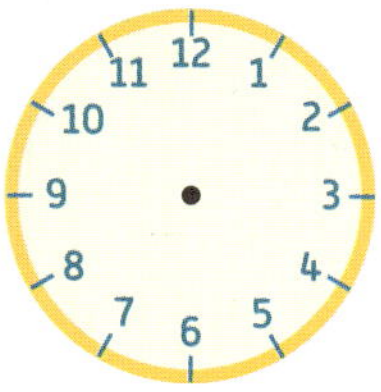

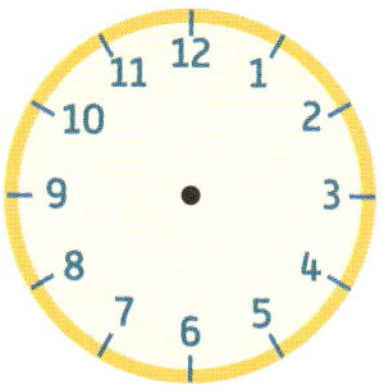

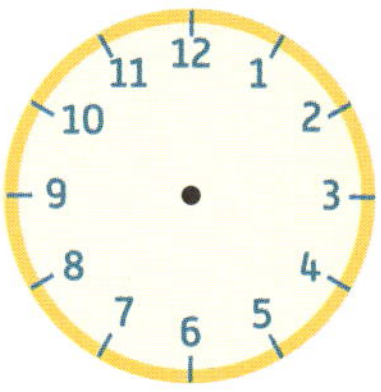

.... : .... | .... : .... | .... : ....

6

Résoudre des problèmes impliquant des prix.

Lali, Nino et Archi veulent se partager 24 € et avoir autant d'euros chacun.
Combien d'euros chacun aura-t-il ?

Chacun aura .... euros.

7

Comparer des longueurs en utilisant une règle graduée.

Mesure chaque épi de blé et **entoure** le plus long.

.... cm 

.... cm 

 .... cm

.... cm 

8

Reproduire une figure sur papier pointé.

Voici la figure qu'Archi a tracée. **Colorie** le carré en **rouge**, le rectangle en **vert** et le triangle en **orange**. **Reproduis** la figure.

Défi animé
lienmini.fr/archicp9

EN ROUTE POUR

Défi 9 *Comparer des masses*

L'AVENTURE !

Défi animé
lienmini.fr/archicp10

Défi 10 *Dénombrer et calculer*

(jongleur) J'en ai 18.	(pingouin) À nous tous, on en a 36.
(clown) À nous tous, on en a 15.	(guépard) À nous tous, on en a 60.
(enfant à casquette) À nous tous, on en a 100.	(cheval) À nous tous, on en a 80.

Trophée

111 Retrancher un petit nombre

Manipulation
Guide p. 210

CALCUL MENTAL
Énoncer deux nombres. → Demander aux élèves d'écrire un nombre compris entre ces deux nombres.

....

1 **Complète** les calculs en t'aidant de la file numérique.

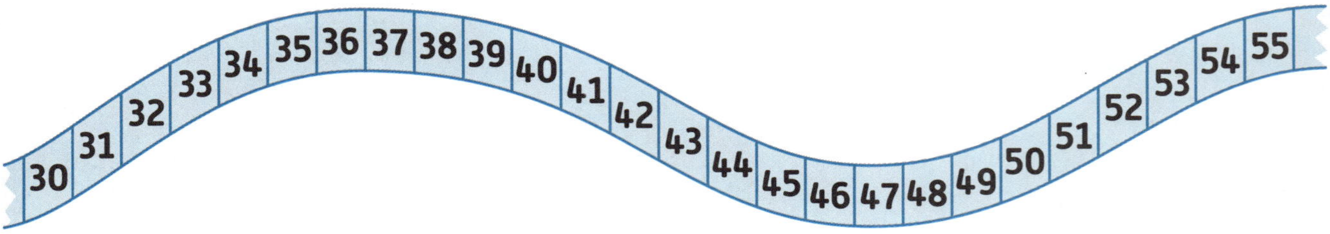

35 – 5 = ... 47 – 7 = ... 49 – 4 = ... 53 – 2 = ...

2 **Complète** les calculs en t'aidant des cartes à points de ton matériel.

20 – 4 = ... 30 – 3 = ... 40 – 7 = ... 50 – 2 = ...

3 **Colorie** en **vert** les cartes gagnées par Lali et en **rose** les cartes gagnées par Nino.

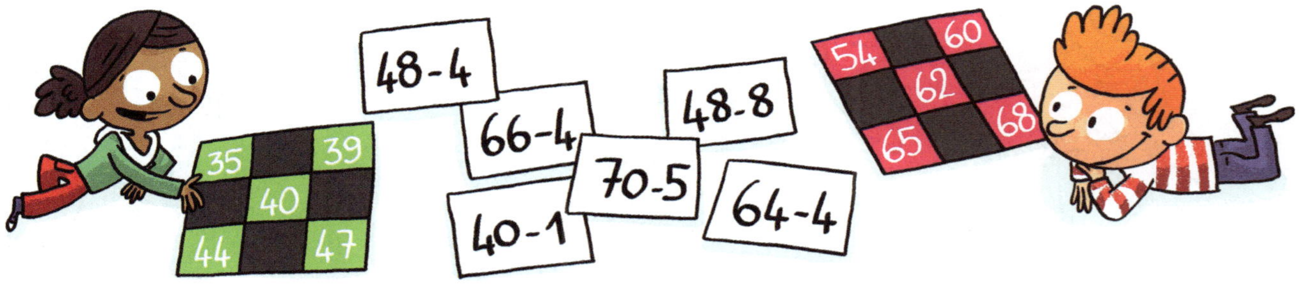

4 **Calcule**.

46 – 6 = ... 78 – 4 = ... 54 – 4 = ... 60 – 4 = ...

65 – 3 = ... 40 – 5 = ... 57 – 5 = ... 42 – 3 = ...

5 Archi avait 67 balles de jonglage.
Il a perdu 7 balles.
Combien de balles lui reste-t-il ?

....

Il lui reste .... balles.

6 Lali avait 70 images dans son album.
Elle en a donné 4 à Nino.
Combien d'images lui reste-t-il ?

....

Il lui reste .... images.

Compétence : Élaborer ou choisir des stratégies de calcul à l'écrit.

112 Suivre et coder un chemin sur quadrillage

Manipulation
Guide p. 212

CALCUL MENTAL
Énoncer des soustractions du type : 37 – 2, 56 – 6, etc.

....	....	....	....	....

1 Archi s'entraîne à dresser un lapin. Il veut l'emmener jusqu'à la carotte.
Continue de tracer son trajet sur le quadrillage.

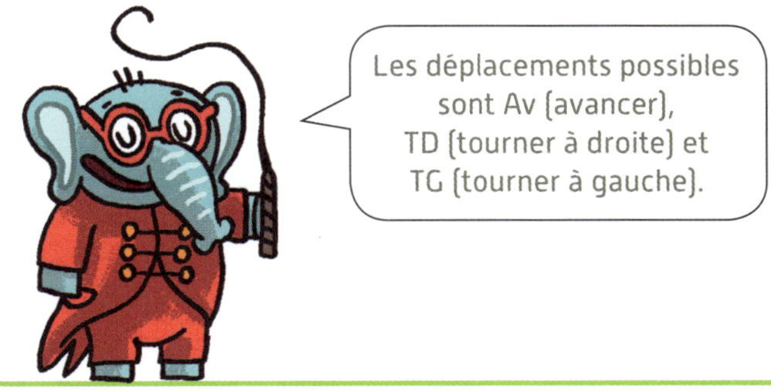

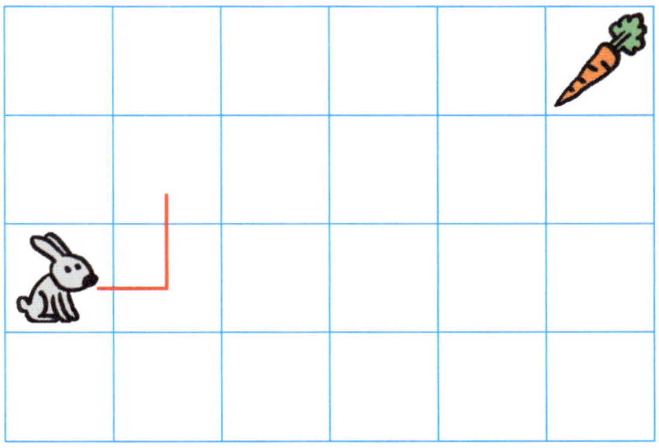

2 **Continue** de tracer le chemin emprunté par la souris pour manger le gruyère.

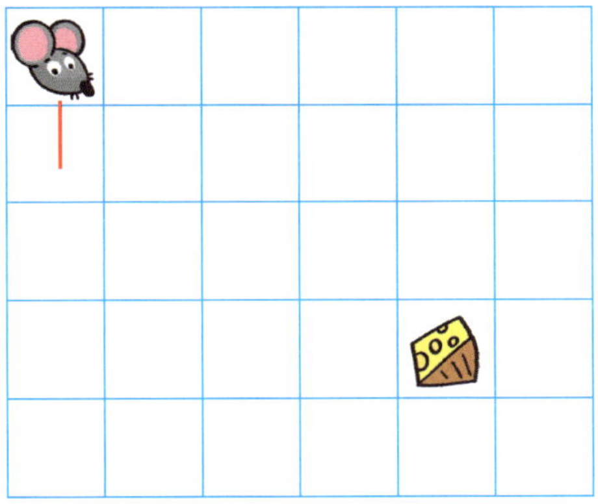

Av	TD	Av	Av	Av	TG	Av	Av	Av

3 La grenouille ne passe que par les nénuphars en fleur. **Code** son chemin jusqu'à la mouche.

Av									

4 **Code** le chemin rouge qui va de la case D à la case A.

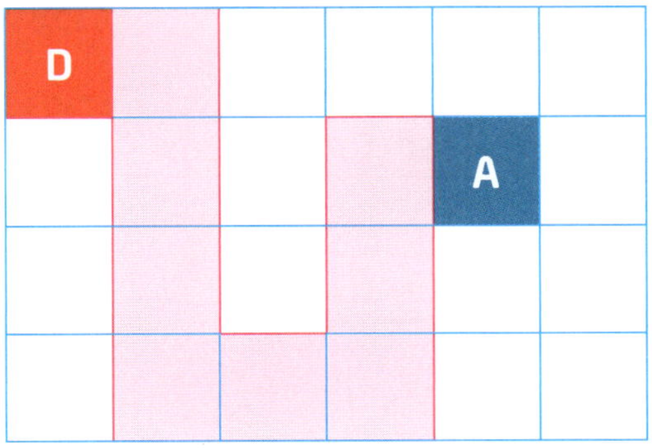

D														A

5 **Complète** les calculs.

15 + 10 = ...	29 + 20 = ...
8 + 10 = ...	42 – 30 = ...
31 – 10 = ...	20 + 12 = ...
54 – 10 = ...	57 – 20 = ...
45 + 10 = ...	8 + 30 = ...

Compétence : Coder ou décoder pour prévoir, représenter et réaliser des déplacements sur un quadrillage.

113 Reconnaître des nombres pairs et impairs

Manipulation
Guide p. 214

CALCUL MENTAL
Énoncer des opérations avec l'ajout ou le retrait de dizaines entières.

....

1 **Dessine** des pois sur le costume d'Archi en t'aidant des indices, puis **complète** les phrases.

Il y a un nombre impair de pois.
Il y a entre 20 et 30 pois.

Il peut y avoir .... pois.
.... est un nombre impair.

2 Nino a 18 cartes. Il veut en donner la moitié à Lali.
Est-ce possible ?
Colorie la bonne réponse et **complète**.

Oui | *Non*, car 18 est un nombre *pair* | *impair*.

18 = ...

3 Le clown a 15 balles. Il veut en donner la moitié à Archi.
Est-ce possible ?
Colorie la bonne réponse et **complète**.

Oui | *Non*, car 15 est un nombre *pair* | *impair*.

15 = ...

4 **Colorie** en **rouge** les nombres pairs.
Colorie en **vert** les nombres impairs.

13	16	10	19	7
26	22	9	40	31
54	20	68	47	15

5 **Colorie** comme l'exemple.

66 | soixante-deux | 76
soixante-six | 69 | 62
soixante-seize | soixante-douze
72 | soixante-neuf

Compétence : Comprendre et utiliser des nombres entiers.

114 Se repérer et se déplacer sur le plan de la classe

Manipulation
Guide p. 216

CALCUL MENTAL
Faire écrire les nombres impairs, de la famille de 50, du plus petit au plus grand.

| .... | .... | .... | .... | .... |

1 **Observe** l'illustration puis **suis** les consignes.

- **Colorie** : – les tables en **marron** – le tableau en **vert** – la porte en **rouge** – l'armoire en **orange**.
- **Colorie** en **bleu** la fenêtre du milieu.
- **Colorie** les bonnes réponses :

Le pot de fleurs est [devant / sur] *le bureau de la maîtresse et* [derrière / devant] *Nino.*

2 **Trace** les chemins de Lali en **bleu** et de la maîtresse en **vert** en suivant les indications.

Lali passe par l'allée du milieu et récupère son ballon près de l'armoire au fond de la classe, puis sort de la classe en passant devant les fenêtres.

La maîtresse va tout droit pour chercher une craie dans l'armoire et revient la donner à Archi en passant par l'allée la plus à gauche.

Compétence : S'orienter et se déplacer en utilisant des repères.

115 Calculer mentalement des sommes

Manipulation
Guide p. 218

CALCUL MENTAL
Énoncer des sommes de plusieurs nombres dont le résultat est inférieur ou égal à 20. *Ex.* : 4 + 6 + 8.

....

1 **Calcule** en faisant des sauts sur la file. **Complète** les calculs.

36 + 11 = ...
36 → (+10) → .... → (+1) → ....

23 + 25 = ...
23 → (+20) → .... → (......) → ....

2 **Calcule** en t'aidant des cartes à points.

3 1 + 2 8 = ...
1 dizaine, 1 dizaine, 1 dizaine + 1 unité ; 1 dizaine, 1 dizaine + 8 unités
.... d + ... u = ...

4 2 + 3 1 = ...
1 dizaine, 1 dizaine, 1 dizaine, 1 dizaine + 2 unités ; 1 dizaine, 1 dizaine, 1 dizaine + 1 unité
.... d + ... u = ...

3 **Calcule** en décomposant.

47 + 22 = ...
40 + 7 + 20 + 2
.... + ... = ...

42 + 16 = ...
40 + 2 + 10 + 6
.... + ... = ...

33 + 24 = ...
...... + ... + ... + ...
.... + ... = ...

4 Le magicien fait sortir de son chapeau 32 colombes et 13 lapins. **Combien d'animaux sont sortis de son chapeau ?**

....

.... *animaux sont sortis de son chapeau.*

Compétence : Calculer mentalement pour obtenir le résultat exact.

116 Reporter et tracer des longueurs

CALCUL MENTAL
Énoncer des additions du type :
45 + 12, 28 + 11, etc.

....

Manipulation
Guide p. 220

1 À l'aide de la bande unité rose, **reporte** la longueur et **indique** par une croix la distance parcourue par les trois coureurs.

2 **Trace** un trait **vert** de 4 carreaux, un trait **orange** de 5 carreaux, un trait **bleu** de 3 carreaux à partir des croix.

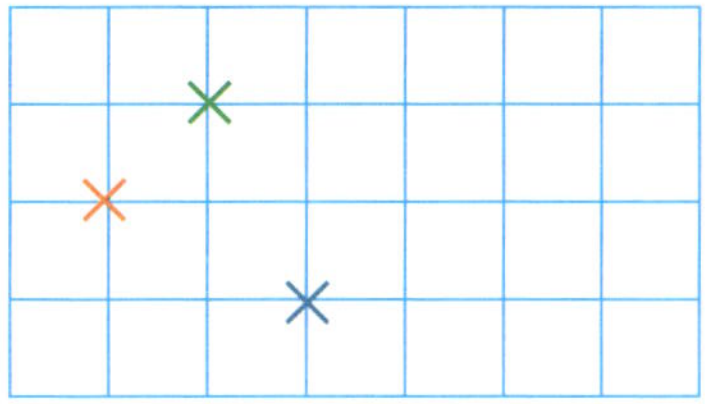

3 **Reporte** une longueur de 6 bandes unité, puis **trace**-la à la règle.

Trace maintenant une longueur qui mesure la moitié de 6 bandes unité.

4 **Continue** à tracer le trait pour qu'il mesure 7 bandes unité.

117 Résoudre des problèmes de longueur

Manipulation
Guide p. 222

CALCUL MENTAL
Faire écrire les nombres pairs, de la famille de 70, du plus petit au plus grand.

....

1 * Nino dit qu'il a le double de réglisse que Lali. A-t-il raison ?
Utilise la bande unité rose de ton matériel pour chercher.
Entoure la bonne réponse.

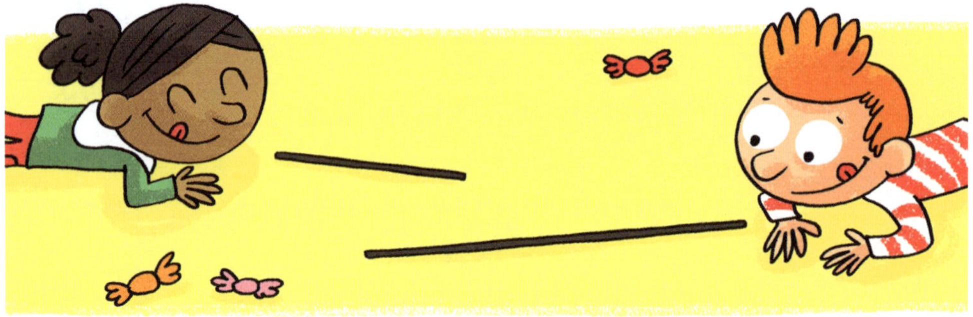

Nino a raison a tort.

2 ** **Utilise** ta bande unité rose pour poursuivre la frise.

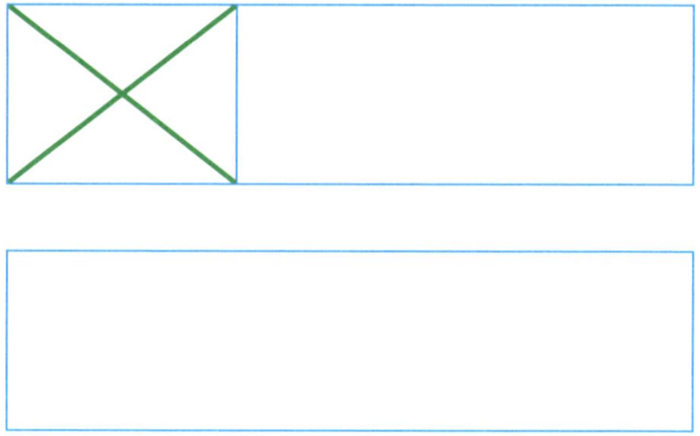

3 ** **Observe** ces deux traits.

Trace un trait aussi long que le trait bleu et le trait vert mis bout à bout.

Trace un trait qui mesure la moitié du trait bleu.

1 Essaie d'obtenir deux collections identiques en entourant deux fois le même nombre de fleurs. **Complète** la phrase avec *pair* ou *impair*.

16 est un nombre ________ car

.... + ... = 16.

11 est un nombre ________ car

.... + ... = 11.

2 **Calcule** en décomposant.

25 + 34 = ...

20 + 5 + 30 + 4

.... + ... = ...

46 + 33 = ...

40 + 6 + 30 + 3

.... + ... = ...

28 + 51 = ...

...... + ... + ... + ...

.... + ... = ...

3 **Calcule**.

37 – 2 = ... 45 – 4 = ... 78 – 3 = ... 70 – 5 = ...

19 – 6 = ... 51 – 1 = ... 63 – 5 = ... 73 – 4 = ...

4 **Trace** un chemin de la case D à la case A.
Attention à éviter les moustiques.

Code-le :

D | | | | | | | | | | | A

5 **Utilise** ta bande unité rose et ta règle pour poursuivre la frise.

119 Connaître les nombres de 80 à 89

Manipulation
Guide p. 224

CALCUL MENTAL
Énoncer des soustractions du type :
48 – 6, 55 – 2, etc.

....

1 **Combien y a-t-il de balles ?** N'oublie pas de compter celles qui sont par terre.

....

Il y a .... balles.

....

Il y a .... balles.

2 **Complète** le tableau.

quatre-vingt-neuf	....	20 + ...
quatre-vingt-deux	82	20 + ...
quatre-vingt-cinq	....	20 + 20 + 20 + 20 + 5
quatre-vingt-un	....	10 + ...

3 **Complète** la file, puis **écris** les nombres en lettres dans les encadrés.

79	....	....	82	83	....	85	....	87	....	89

quatre-vingt-trois

4 L'escargot parcourt une distance de 5 bandes unité. **Trace** son chemin.

Utilise la bande unité rose de ton matériel.

Compétence : Nommer, lire, écrire, représenter des nombres entiers.

120 Connaître les nombres de 90 à 99

Manipulation Guide p. 226

CALCUL MENTAL
Énoncer des décompositions de nombres entre 80 et 89. → Les élèves écrivent le nombre correspondant.

....

1 Dans la classe, il y a **quatre-vingt-quatorze** feutres rangés par 10.

- **Écris** ce nombre en chiffres : ....
- **Complète** : *C'est .... dizaines et .... unités.*
- **Complète** le dessin pour avoir le bon nombre de feutres.

2 **Complète** la file, puis **écris** les nombres en lettres dans les encadrés.

quatre-vingt-douze

89	....	....	92	....	94	....	....	97	98	....

3 **Complète**.

90 + 8 = ... 90 + 2 = ... 80 + 6 = ... 80 + 11 = ...

4 **Termine** de tracer un carré **rouge** et un rectangle **vert**.

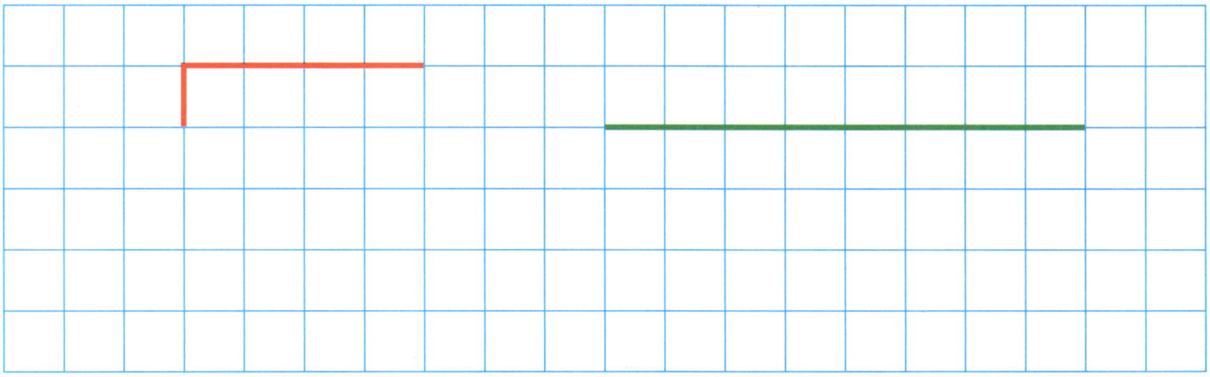

121 Construire des collections à partir de décompositions

Manipulation
Guide p. 228

CALCUL MENTAL
Énoncer des décompositions de nombres entre 90 et 99. → Les élèves écrivent le nombre correspondant.

....

1 Archi veut offrir des cacahuètes à l'éléphante du cirque. Il lui en donne 6 dizaines et 5 unités. **Colorie**-les.

2 **Entoure** 2 unités et 4 dizaines.

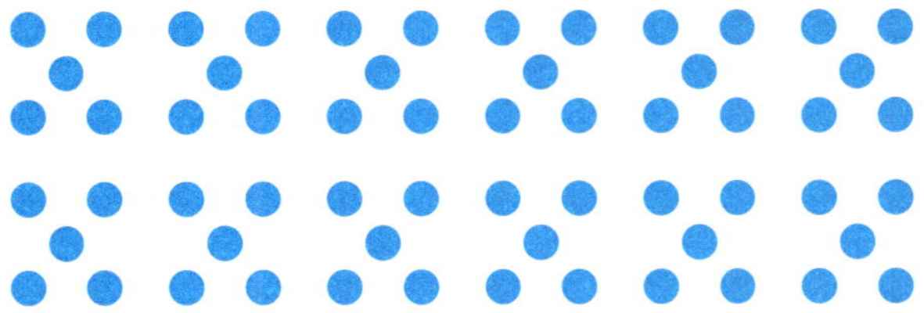

3 Il y a 14 oiseaux sur les fils bleus et 30 oiseaux sur les fils rouges.
Dessine les oiseaux qui sont sur les fils rouges, puis **complète** le calcul et la phrase.

14 + ... = ...

En tout, il y a .... oiseaux.

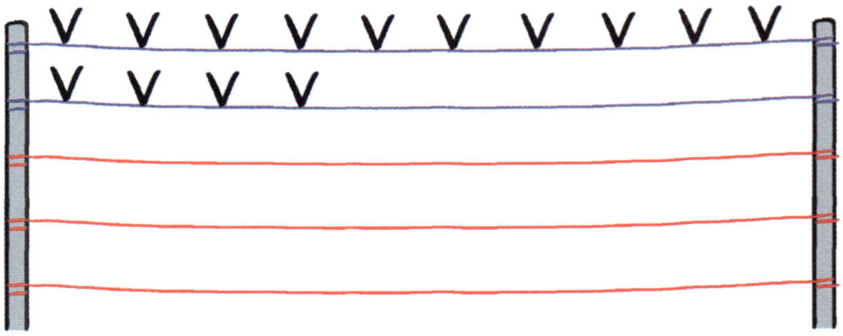

4 **Complète** le tableau comme dans l'exemple.

47	10 10 10 10 ○○○○○○○	4 d et 7 u	40 + 7
....		.... d et .... u	60 + 12
....		3 d et 13 u	.... + ...

 Compétence : Interpréter les noms des nombres (unités de numération et écritures arithmétiques).

122 Comparer des objets selon leur masse

Manipulation
Guide p. 230

CALCUL MENTAL
Énoncer un nombre (ex. : 63).
Demander aux élèves de changer les dizaines en unités (ex. : 36).

....

1 **Observe** les balances et **colorie** la bonne réponse.

Le hamster / Le chien	est plus lourd que	le hamster / le chien.
Le chien / Archi	est plus léger que	le chien / Archi.

2 **Observe** les balances et **complète** les phrases avec léger ou lourd.

Le scotch est plus ______________ que la bouteille.

Le globe est plus ______________ que la bouteille.

Range ces trois objets du plus lourd au moins lourd.

______________ ______________ ______________

3 **Observe** les deux premières balances. **Dessine** les cubes pour équilibrer la troisième balance.

4 **Entoure** les deux sachets que tu peux mettre pour équilibrer la balance, puis **complète** le calcul.

3 + 8 = ... + ...

Compétence : Comparer des masses par mesurage.

123 Résoudre des problèmes à deux étapes

Manipulation
Guide p. 232

CALCUL MENTAL
Énoncer des opérations avec l'ajout ou le retrait de dizaines entières.

....

1 Archi a 25 tee-shirts dans son armoire. Aujourd'hui, il décide d'en acheter 13 nouveaux. Finalement, en rentrant chez lui, il se rend compte que 7 tee-shirts sont trop petits pour lui et décide alors de les donner à Nino. **Combien de tee-shirts Archi a-t-il maintenant dans son armoire ?**

J'utilise le matériel de la classe, je schématise ou j'écris les calculs :

Je réponds :

Archi a ....

2 Il y avait 59 oiseaux dans l'arbre ce matin. 31 oiseaux se sont envolés dans l'après-midi. Mais le soir, 11 oiseaux sont revenus se reposer dans l'arbre.
Combien y a-t-il d'oiseaux dans l'arbre maintenant ?

J'utilise le matériel de la classe, je schématise ou j'écris les calculs :

Je réponds :

Il y a ....

Compétence : Résoudre des problèmes du champ additif en 2 étapes.

124 Connaître les nombres de 80 à 99

CALCUL MENTAL
Énoncer des soustractions du type : 78 – 5, 59 – 3, etc.

....

Manipulation
Guide p. 234

1 **Colorie** de la même couleur les étiquettes du même nombre.

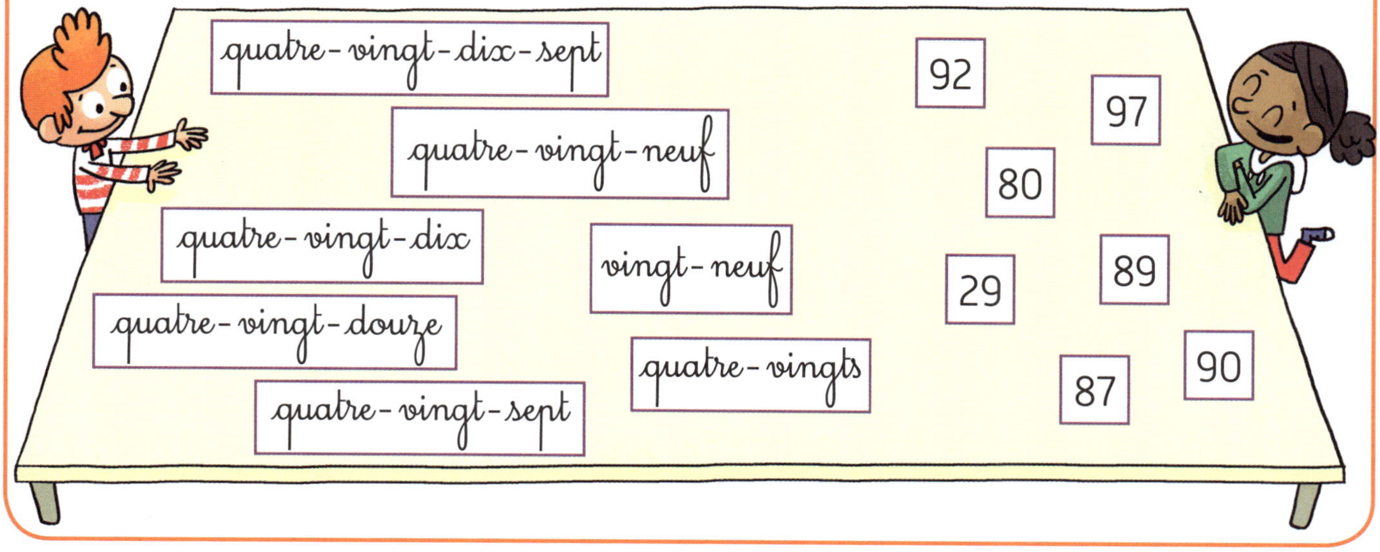

2 **Complète**.

90 + 8 = ...
80 + 8 = ...
80 + 19 = ...

9 + 6 = ...
40 + 9 = ...
40 + 20 + 10 + 10 + 3 = ...

9 dizaines et 5 unités : ....
8 dizaines : ....

3 La mère de Nino veut s'acheter un hamac.
Il coûte 93 €. Elle a 40 €.

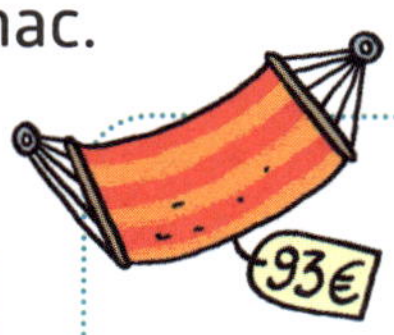

Combien d'euros lui manque-t-il ?

Il lui manque .... euros.

4 **Calcule** en faisant des sauts sur la file.

52 + 13 = ...

52 → (+10) → .... → (+3) → ....

64 + 22 = ...

64 → (+20) → .... → (......) → ....

Compétence : Nommer, lire, écrire, représenter des nombres entiers.

125 Construire le tableau des nombres jusqu'à 99

Manipulation
Guide p. 236

CALCUL MENTAL
Énoncer des décompositions de nombres entre 60 et 99. → Les élèves écrivent le nombre correspondant.

....

1 Les otaries du cirque sont passées par là. Tout est mouillé et des nombres ont été effacés ! **Complète** les cases manquantes.

60	61	....	63	....	65	66	67	....	....
....	71	72	73	74	....	76	77	78	79
80	....	82	....	84	85	....	87	88	89
90	91	92	93	....	95	96	....	98	....

2 Cherche les erreurs et **barre**-les.

64	65	62	67	68	89
74	75	76	71	88	79
84	58	86	87	78	69
74	95	96	79	98	99

3 **Complète** les cases blanches.

	53		....	....	....
	....	64	....		67
72	....				
	....	....	....	86	
....	....		95		....

4 **Écris** les nombres manquants.

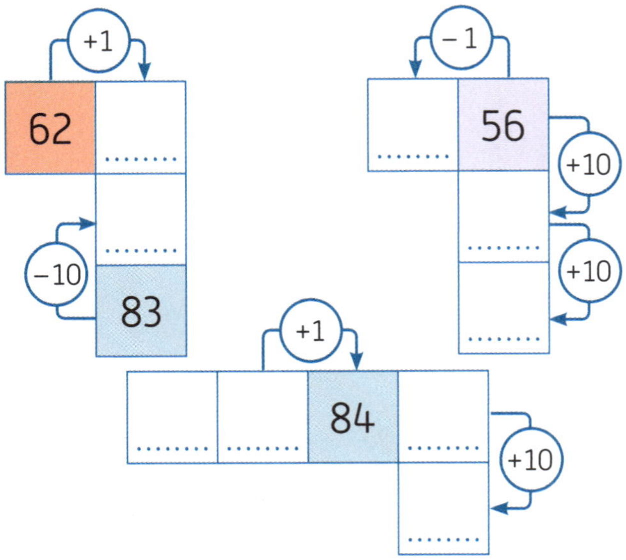

5 Qui suis-je ? **Complète**.

- Mon chef de famille est 60 et j'ai 5 unités : ....
- J'ai 4 unités et mon chef de famille est 80 : ....
- Je suis le chef de famille qui a 7 dizaines : ....
- J'ai 8 unités et je suis plus petit que 70 : ....

Compétence : Interpréter les noms des nombres (unités de numération et écritures arithmétiques).

* **1** **Complète** le tableau comme dans l'exemple.

81	10 10 10 10 10 10 10 10 ○	8 d et 1 u	80 + 1
....		.... d et .... u	80 + 12
....		9 d et 5 u	.... + ...
....	10 10 10 10 10 10 10 10 ○ ○ ○	.... d et .... u	.... + ...

* **2** **Entoure** les deux sachets qu'il faut pour équilibrer la balance, puis **complète** le calcul.

9 + 3 = ... + ...

** **3** **Entoure** 7 dizaines et 6 unités.

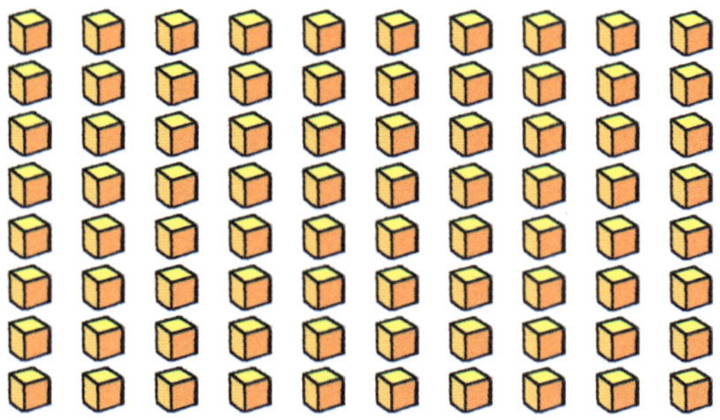

Il y a .... cubes entourés.

Entoure 5 dizaines et 5 unités.

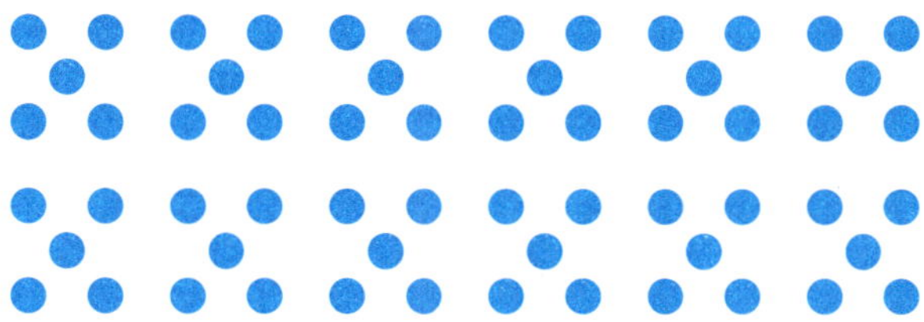

Il y a .... points entourés.

** **4** **Écris** les nombres manquants.

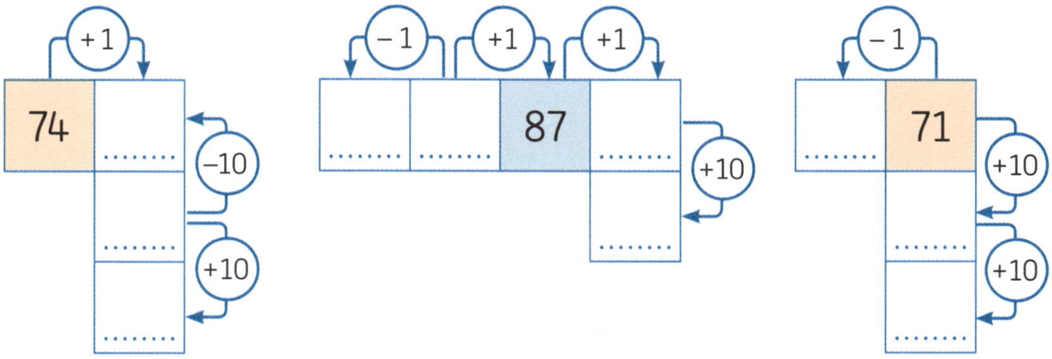

127 Utiliser Scratch

Manipulation
Guide p. 238

CALCUL MENTAL
En appui sur le tableau des nombres, énoncer des devinettes. *Ex. : Je suis dans la ligne du 30 et la colonne du 7, etc.*

....

1 **Entoure** le bloc à ajouter pour arriver à la deuxième scène.

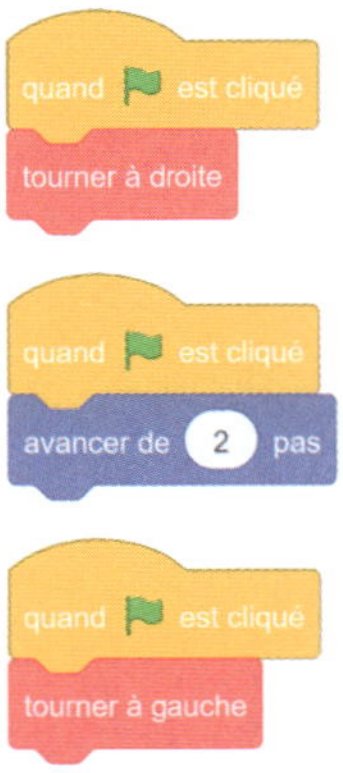

2 **Entoure** le bloc à ajouter pour arriver à la deuxième scène.

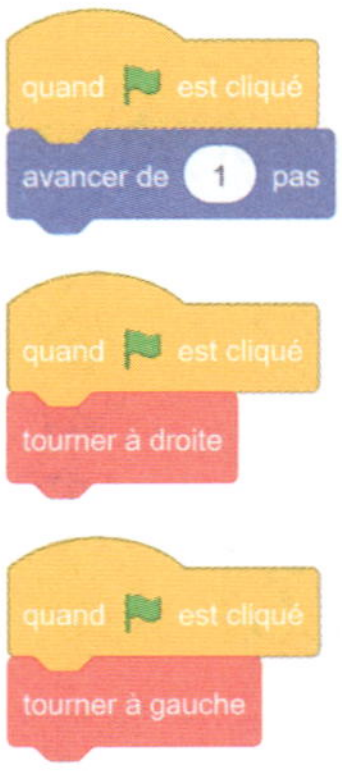

3 **Entoure** le script qui permet de passer de la première scène à la deuxième.

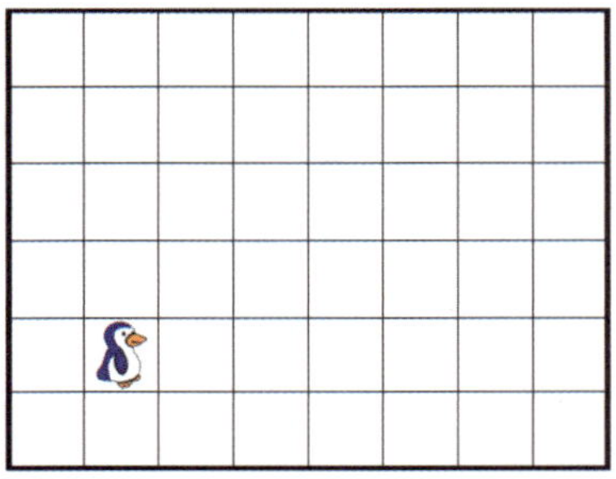
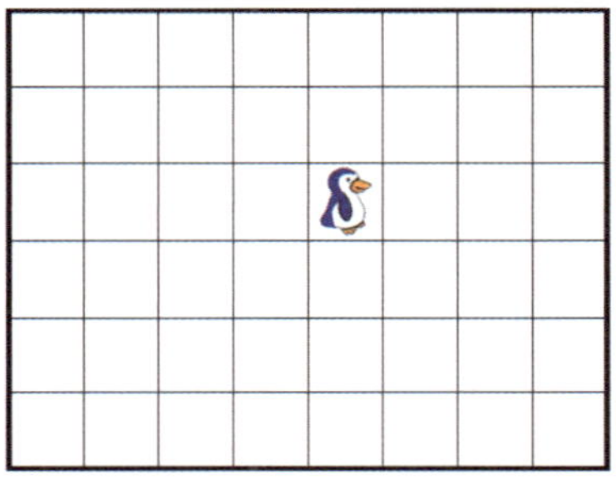
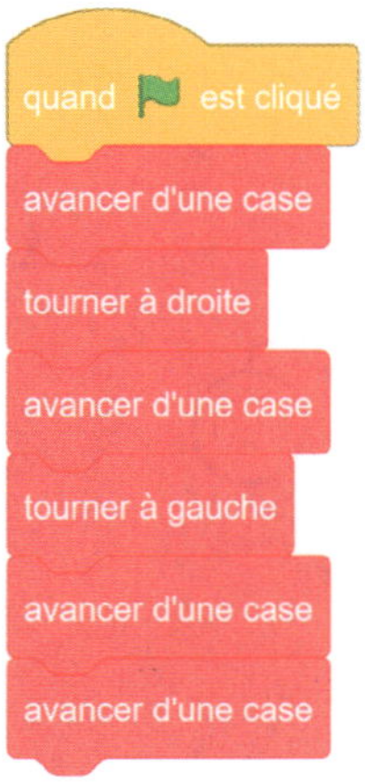

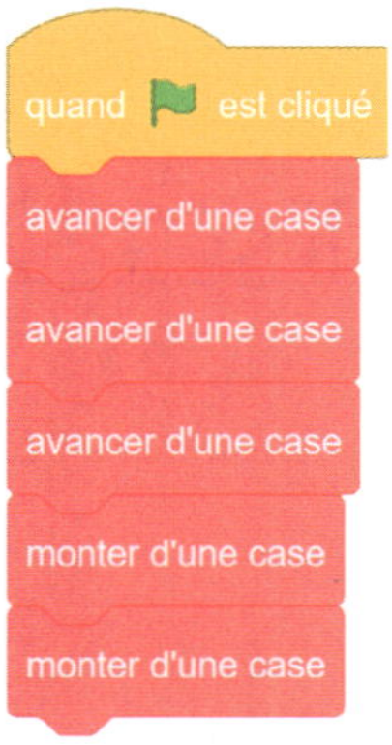

4 **Suis** le script du lutin et **colorie** son déplacement.

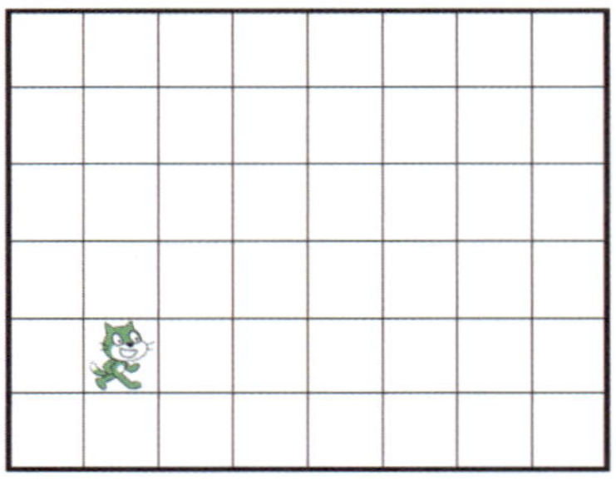
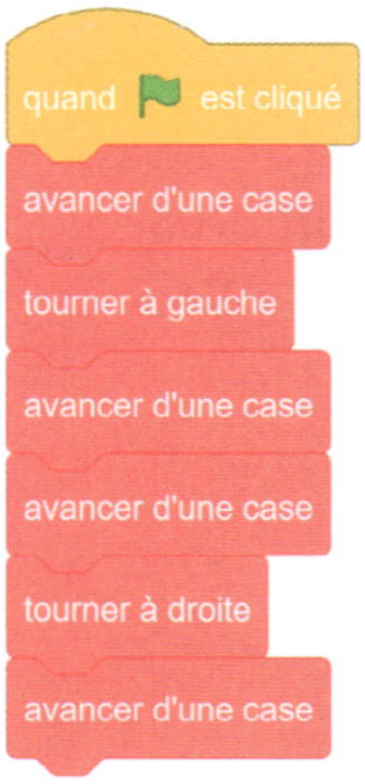

Compétence : Coder et décoder pour prévoir, représenter et réaliser des déplacements sur un écran.

128 Poser l'addition en colonnes avec retenue (1)

Manipulation
Guide p. 240

CALCUL MENTAL
Dicter des nombres sous différentes formes. → Les élèves écrivent le nombre correspondant.

....

1 Lali a 35 images et Nino en a 26.
Combien d'images ont-ils en tout ?

Je schématise ou je décompose :

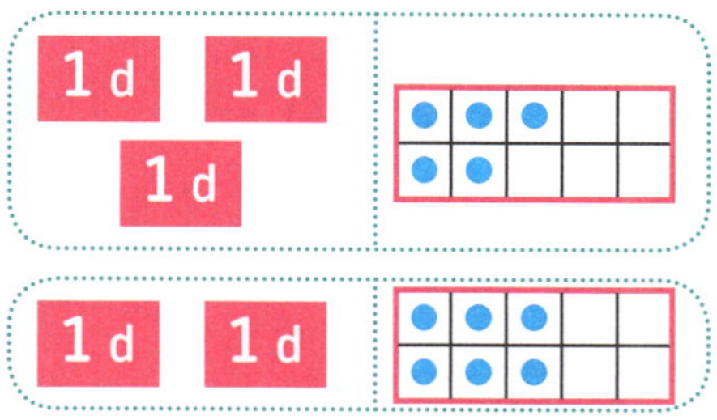

	d	u
	◯	
	3	5
+	2	6
	.	.

35 + 26 = . .   *Lali et Nino ont .... images en tout.*

2 Dans la mare, il y a 46 grenouilles et 28 crapauds.
Combien d'animaux y a-t-il en tout ?

Je schématise ou je décompose :

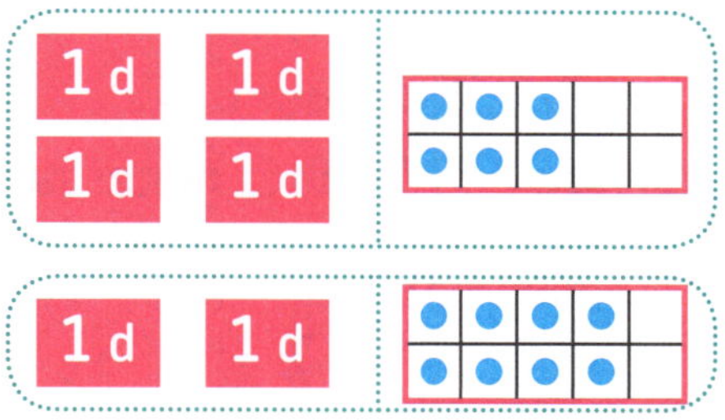

	d	u
	◯	
	.	.
+	.	.
	.	.

46 + 28 = . .   *Il y a .... animaux en tout.*

3 **Calcule :** 36 + 47

Je schématise ou je décompose :

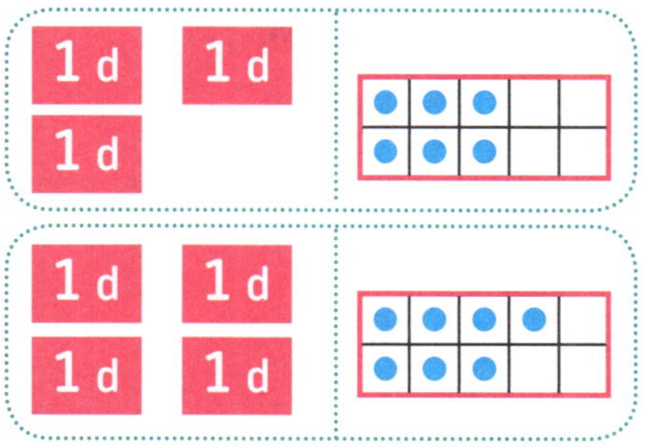

	d	u
	◯	
	.	.
+	.	.
	.	.

36 + 47 = . .

Compétence : Mettre en œuvre un algorithme de calcul posé pour l'addition.

Poser l'addition en colonnes avec retenue (2)

Manipulation
Guide p. 242

CALCUL MENTAL
Dicter des nombres entre 80 et 99.

....

1 **Effectue** les additions. Tu peux dessiner les dizaines et les unités.

d	u
○	
2	2
+ 1	9

d	u
○	
3	7
+ 2	5

2 **Pose** et **effectue** les additions.

48 + 34

39 + 26

55 + 17

3 **Barre** les erreurs et **corrige** l'addition si nécessaire.

d	u
○	
4	5
+ 3	8
7	3

d	u
○	
4	8
+ 4	7
9	5

4 **Combien de fruits Lali a-t-elle cueillis ?**

Lali a cueilli .... fruits.

Compétence : Mettre en œuvre un algorithme de calcul posé pour l'addition.

130 Comparer et ranger les nombres jusqu'à 99

Manipulation
Guide p. 244

CALCUL MENTAL
Énoncer des devinettes du type : *J'étais sur la case 79 et je suis sur la case 80. De combien de cases ai-je avancé ?*

....

1 **Écris** 6 nombres différents à l'aide des 3 chiffres tenus par chaque personnage.

....

Écris ces nombres du **plus petit** au **plus grand**.

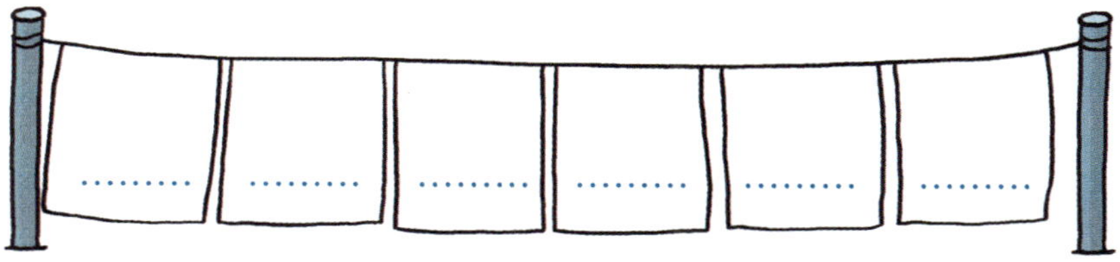

....

Écris ces nombres du **plus grand** au **plus petit**.

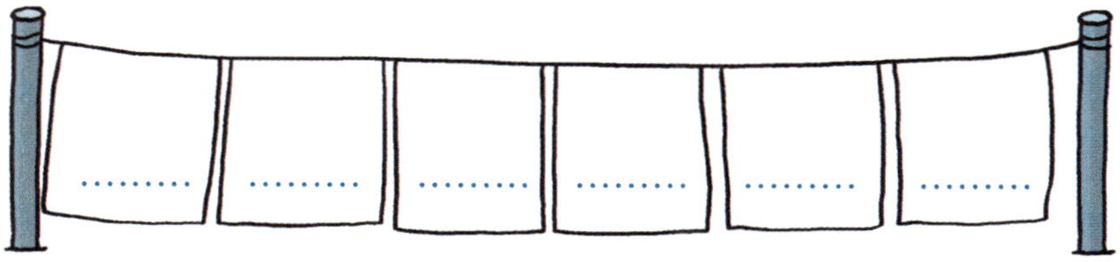

2 **Écris** < ou >.

57 ◯ 81
82 ◯ 46
93 ◯ 39
50 ◯ 90

45 ◯ 95
89 ◯ 85
97 ◯ 96
90 ◯ 89

3 **Colorie** le plus grand nombre.

80 + 2	73
49	90 + 4
85	9 dizaines

4 **Écris** < ou >.

86 ◯ 80 + 8
80 + 6 ◯ 60 + 7
95 ◯ 9 dizaines
10 + 10 + 10 + 10 + 10 + 10 + 9 ◯ 9 dizaines
74 ◯ 8 dizaines

5 **Colorie** de la même couleur les étiquettes du même nombre.

85 | quatre-vingt-quinze | 95 | quatre-vingt-douze
quatre-vingt-deux | quatre-vingt-cinq | 82 | 88
98 | 92 | quatre-vingt-huit | quatre-vingt-dix-huit

131 Connaître le nombre 100 (1)

Manipulation
Guide p. 246

CALCUL MENTAL
Énoncer des calculs issus des tables d'addition.

.... | .... | .... | .... | ....

1 **Entoure** pour faire 100.

Continue à dessiner pour faire 100.

2 **Complète** la file.

88	....	90	91	....	....	94	....	96	97	....	....	....

3 **Entoure** pour faire 100.

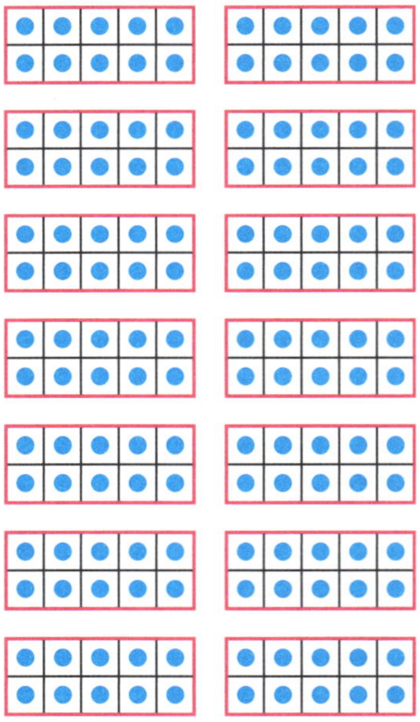

4 **Complète**.

100 = 10 + 10 + ...

20 + 20 + ... = 100

50 + ... = 100

97 + ... = 100

80 + ... = 100

Compétence : Dénombrer, constituer des collections. Utiliser diverses représentations du nombre.

132 Connaître le nombre 100 (2)

Manipulation
Guide p. 248

CALCUL MENTAL
Énoncer des nombres sous la forme de dizaines et d'unités.
Ex. : 7 dizaines et 2 unités.

....

1 **Entoure** pour faire 100.

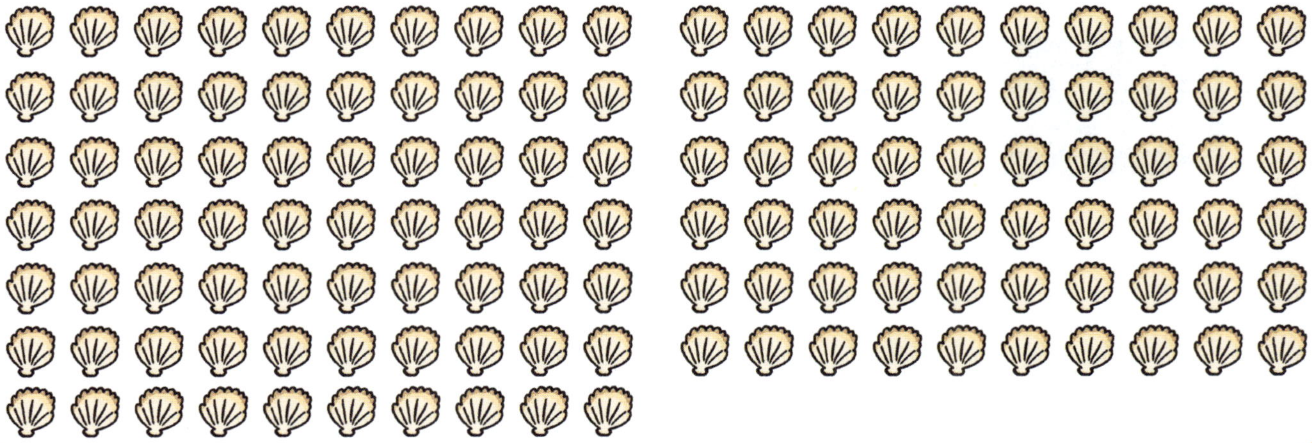

2 **Entoure** ce qui fait 100.

1 dizaine

cent

30 + 10 + 10

10 + 10 + 10 + 10 + 10 + 10 + 10 + 10 + 10 + 10

2 dizaines + 8 dizaines

1 centaine

10 + 10 + 10 + 10 + 10 + 10 + 10 + 10 + 10

10 dizaines

8 dizaines + 2 unités

50 + 10 + 10 + 10 + 10 + 10

3 **Complète** la maison du 100.

4 **Complète**.

100 = 10 + ...

40 + ... = 100

100 = 20 + 10 + ...

99 + ... = 100

70 + 10 .... = 100

20 + 20 + ... = 100

95 + ... = 100

50 + 20 + ... = 100

30 + 30 + 30 .... = 100

133 Découvrir le mètre

CALCUL MENTAL
Énoncer des nombres sous la forme de dizaines et d'unités.
Ex. : 8 dizaines et 7 unités.

....

Manipulation
Guide p. 250

1 **Relie** chaque objet ou végétal à l'instrument qui permet de mesurer sa longueur.

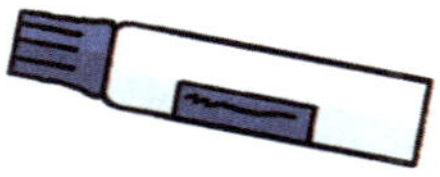

un double décimètre

un mètre

2 **Entoure** ce qui est plus long qu'1 mètre.

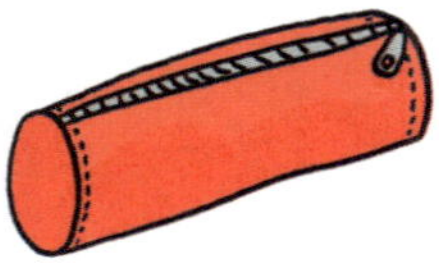

3 **Colorie** le bon nombre d'étiquettes pour faire 1 mètre.

10 cm	10 cm	10 cm	10 cm	10 cm
10 cm	10 cm	10 cm	10 cm	10 cm
10 cm	10 cm	10 cm	10 cm	10 cm

4 **Complète.**

a. 1 m = ... cm + ... cm + ... cm + ... cm + ... cm + ... cm
+ .... cm + ... cm + ... cm + ... cm

b. 1 m = ... cm + ... cm

c. 1 m = ... cm

Compétence : S'approprier quelques longueurs de référence.

134 Résoudre des problèmes de combinaison

Manipulation
Guide p. 252

CALCUL MENTAL
Énoncer des additions du type :
50 + 4, 90 + 3.

....

* **1** Pour la fête de l'école, les élèves ont le choix entre une gaufre ou une crêpe. Ils peuvent ajouter 4 garnitures :

de la confiture | du sucre | du miel | du chocolat

Combien y a-t-il de goûters possibles?

Il y a .... goûters possibles.

** **2** Lali colorie des drapeaux avec trois couleurs différentes.

jaune vert bleu

Combien de drapeaux différents peut-elle colorier ?

Lali peut colorier .... drapeaux différents.

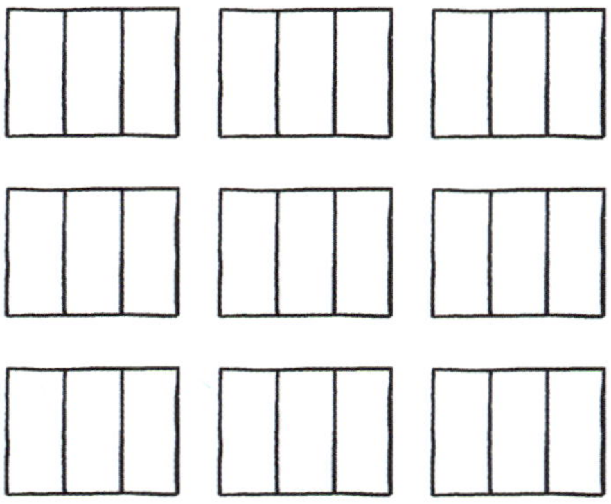

** **3** Pour déguiser son ours en peluche, Nino a :

- un bonnet vert et un bonnet rose :
- un pull vert et un pull rose :
- un pantalon vert et un pantalon rose :

De combien de façons différentes peut-il l'habiller ?

Nino peut l'habiller de .... façons différentes.

Compétence : Résoudre des problèmes en utilisant une méthode adaptée.

Vers le CE1

135 Découvrir les nombres à partir de 100

Manipulation
Guide p. 254

CALCUL MENTAL
Dicter des nombres entre 70 et 100.

....

1 **Entoure** pour faire 114.

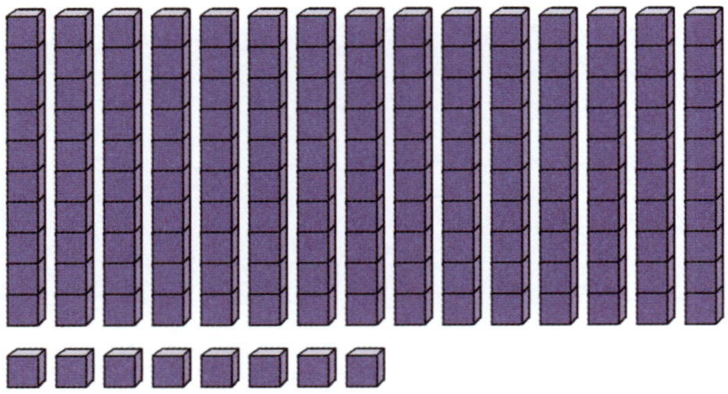

Entoure pour faire 138.

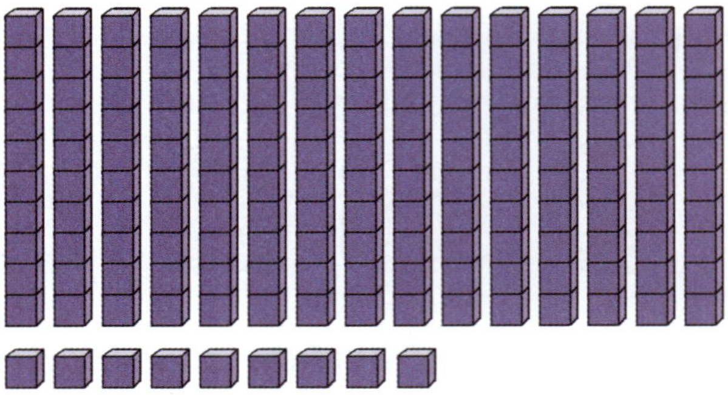

2 **Complète** les files des nombres.

99	100	....	....	103

109	....	111	....

....	128	....	....

3 **Complète** pour faire 116.

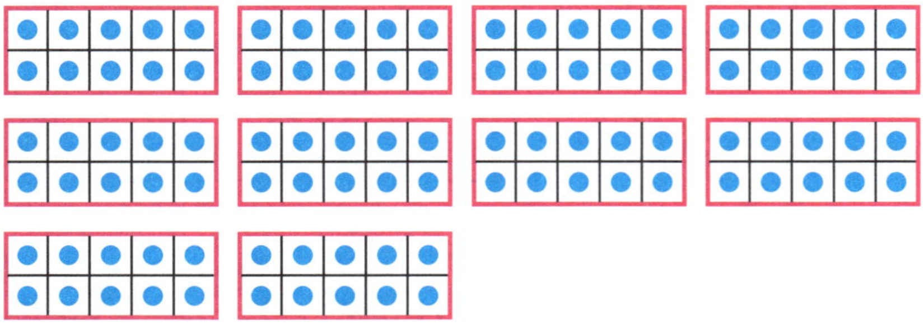

Complète pour faire 123.

3 **Complète** le tableau comme dans l'exemple.

107	cent-sept	100 + 7	1 centaine et 7 unités
109	....	100 + ...	.... centaine et .... unités
114	....	100 + ...	.... centaine et .... dizaine et .... unités
132	....	100 + ...	.... centaine et .... dizaines et .... unités
120	....	100 + ...	.... dizaines

Compétence : Dénombrer, constituer des collections. Utiliser diverses représentations du nombre.

1 **Pose** et **effectue** les additions.

44 + 37 = . .

36 + 29 = . .

50 + 38 = . .

64 + 18 = . .

d	u
○	
.	.
+ .	.
.	.

2 **Écris** les nombres du **plus petit** au **plus grand**.

75 70 98 86 92 65

63 .... 80 99

3 **Complète** la suite de nombres.

.... – 75 – .... – .... – .... – 79 – .... – 81 – .... – .... – .... – 85

4 **Trouve** 4 façons de faire 100 € en utilisant uniquement des billets de 50 €, 20 € ou 10 € :

Les billets peuvent être utilisés plusieurs fois. **Complète** les calculs.

50 € + ... = 100 €

50 € + 20 € + ... + ... = 100 €

10 € + 10 € + 10 € + ... + ... + ... + ... + ... + ... + ... = 100 €

20 € + 20 € + 20 € + ... + ... = 100 €

Séances 111 à 136

BILAN

1 — Retrancher un petit nombre.

Colorie en **vert** les cartes gagnées par Lali et en **rose** les cartes gagnées par Nino.

2 — Calculer mentalement des sommes.

Calcule en décomposant.

33 + 45 = ...

30 + 3 + 40 + 5

.... + ... = ...

21 + 22 = ...

20 + 1 + 20 + 2

.... + ... = ...

45 + 54 = ...

...... + ... + ... + ...

.... + ... = ...

3 — Calculer des additions en colonnes.

Continue de poser les additions et **calcule**-les.

	d	u
	○	
	3	7
+	5	2
	.	.

	d	u
	○	
	4	9
+	3	2
	.	.

41 + 38 = . .

	d	u
	○	
	.	.
+	.	.
	.	.

67 + 25 = . .

	d	u
	○	
	.	.
+	.	.
	.	.

4 — Utiliser diverses représentations du nombre.

Complète. Tu peux dessiner pour t'aider.

76 = 30 + ... + 6

82 = 20 + ... + ... + ...

5
Connaître les nombres de 80 à 100.

Complète la suite des nombres.

.... – 90 – .... – .... – 93 – .... – .... – .... – .... – 98 – .... – 100

6
Connaître le nombre 100.

Entoure ce qui fait 100.

7 dizaines + 3 unités

10 dizaines

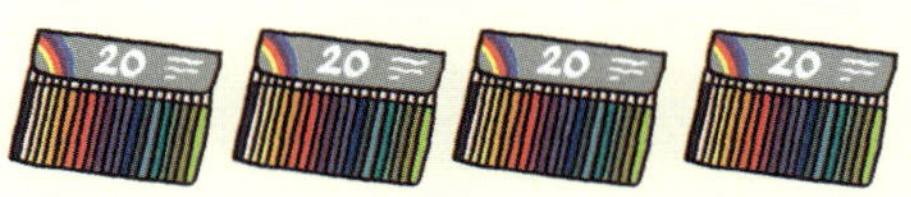

cent

9 dizaines + 1 unité

10 + 10 + 10 + 10 + 10 + 10 + 10 + 10 + 10

20 + 20 + 20 + 20 + 20

7
Tracer à l'aide d'une bande unité.

Tous les traits doivent mesurer 4 bandes unité. **Termine** les tracés avec ta règle et ton crayon.

8
Découvrir les nombres à partir de 100.

Barre ce qui est en trop ou **dessine** ce qui manque pour obtenir 106 € à chaque fois.

Conception de couverture : Isabelle Southgate
Conception de maquette intérieure : Marie-Astrid Bailly-Maître
Mise en pages et infographies : Domino

Responsable d'édition : Julie Collignon
Relecture typographique : Amélie Clément-Flet

Certifié PEFC
Ce produit est issu de forêt gérées durablement et de sources contrôlées
www.pefc.it

Achevé d'imprimer en août 2021 par Rotolito en Italie
Dépôt légal : mars 2019 – N° d'éditeur MAGSI202010479

Les cartes à points

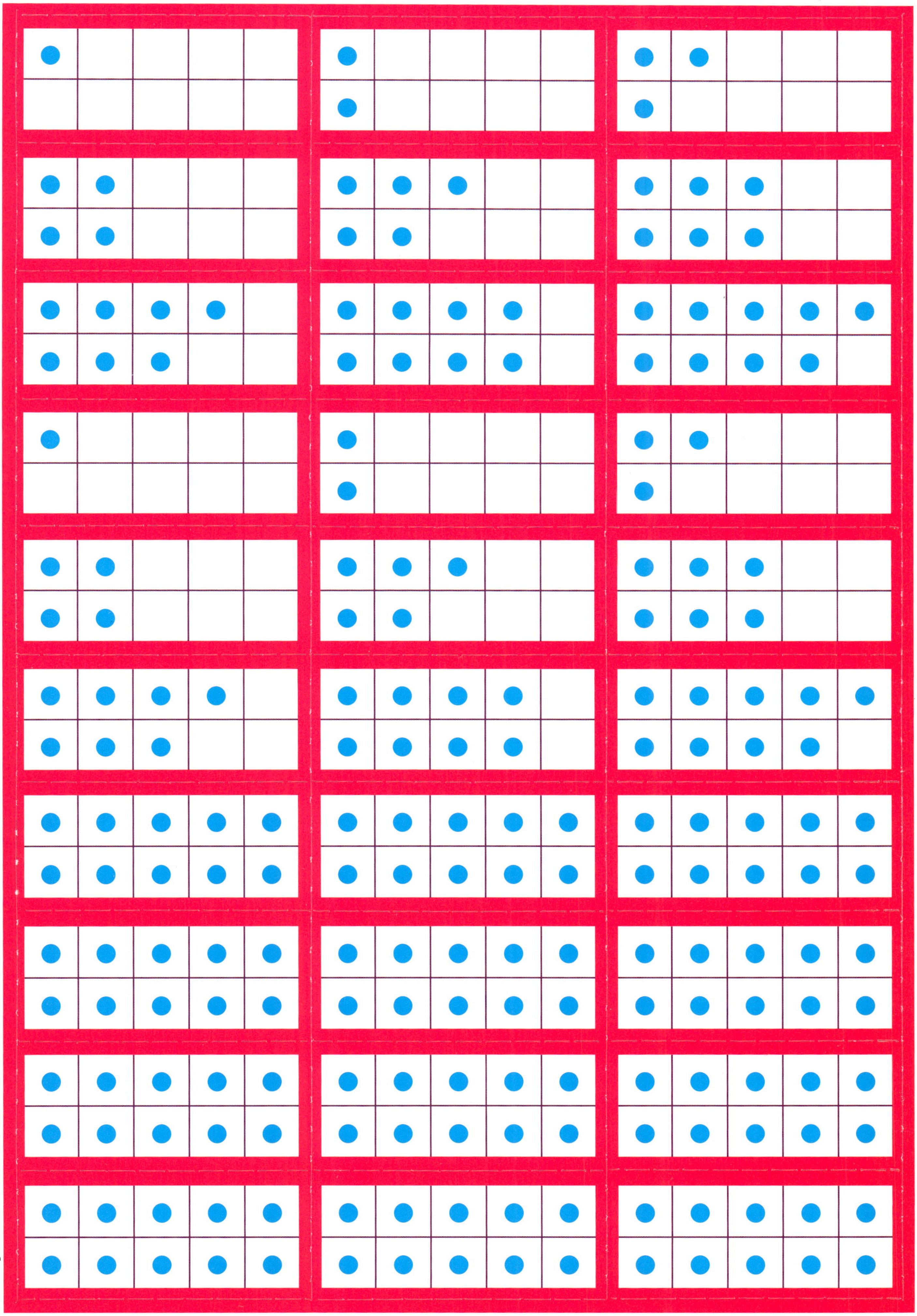

1 dizaine	1 dizaine	1 dizaine
1 dizaine	1 dizaine	1 dizaine
1 dizaine	1 dizaine	1 dizaine
1 dizaine	1 dizaine	1 dizaine

Planche 2

La monnaie : les billets

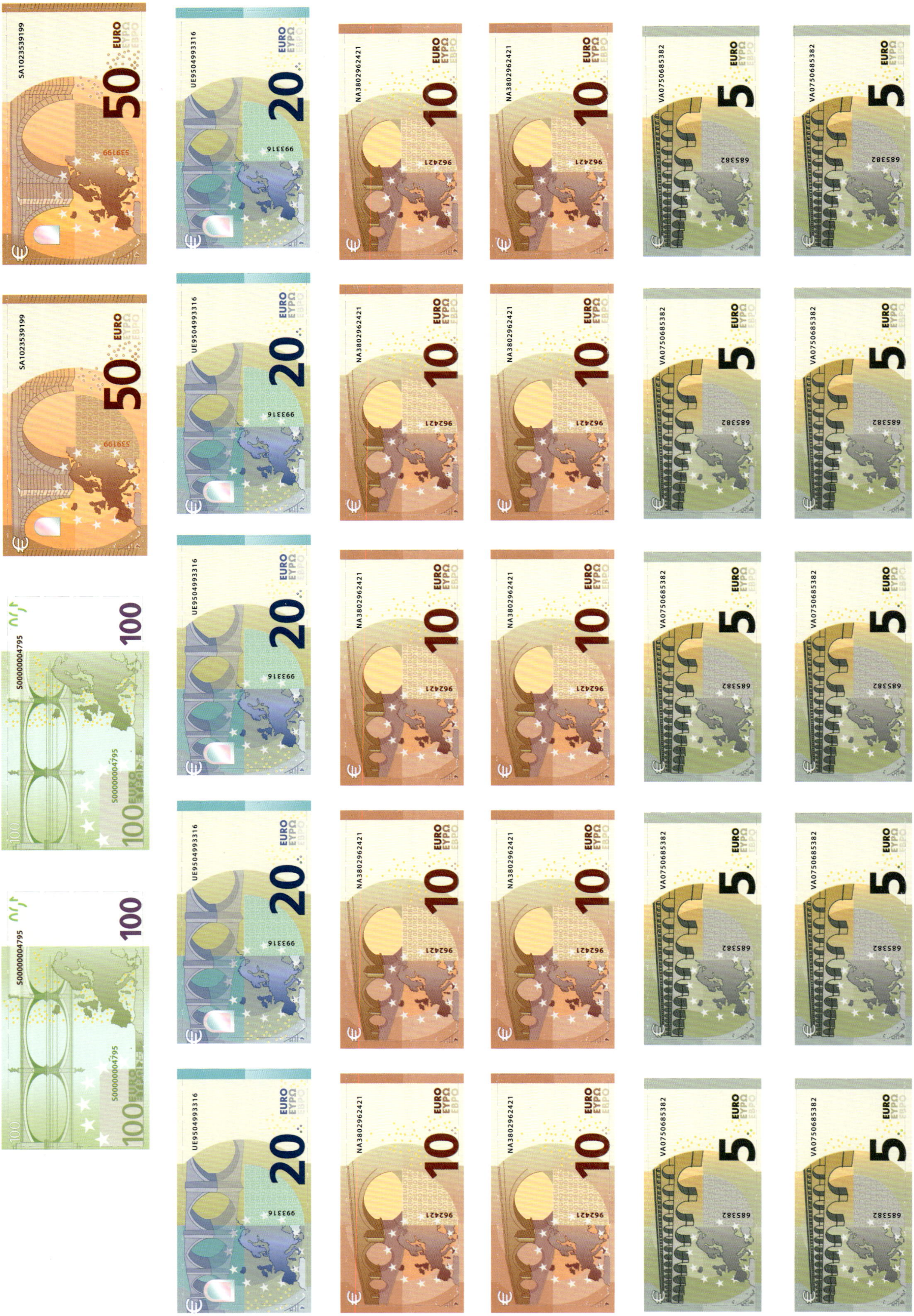

50 EURO ΕΥΡΩ ЕВРО
SA1023539199
20 EURO ΕΥΡΩ ЕВРО
UE9504993316
10 EURO ΕΥΡΩ ЕВРО
NA3802962421
5 EURO ΕΥΡΩ ЕВРО
VA0750685382
100 EURO
S00000004795

Planche 3

La monnaie : les pièces

La date

Lundi

Mardi

Mercredi

Jeudi

Vendredi

Samedi

Dimanche

1
2
3
4
5
6
7
8
9
10
11
12
13
14
15
16
17
18
19
20
21
22
23
24
25
26
27
28
29
30
31

Bandes unités

55 mm

55 mm

25 mm

25 mm

Planche 4

L'horloge

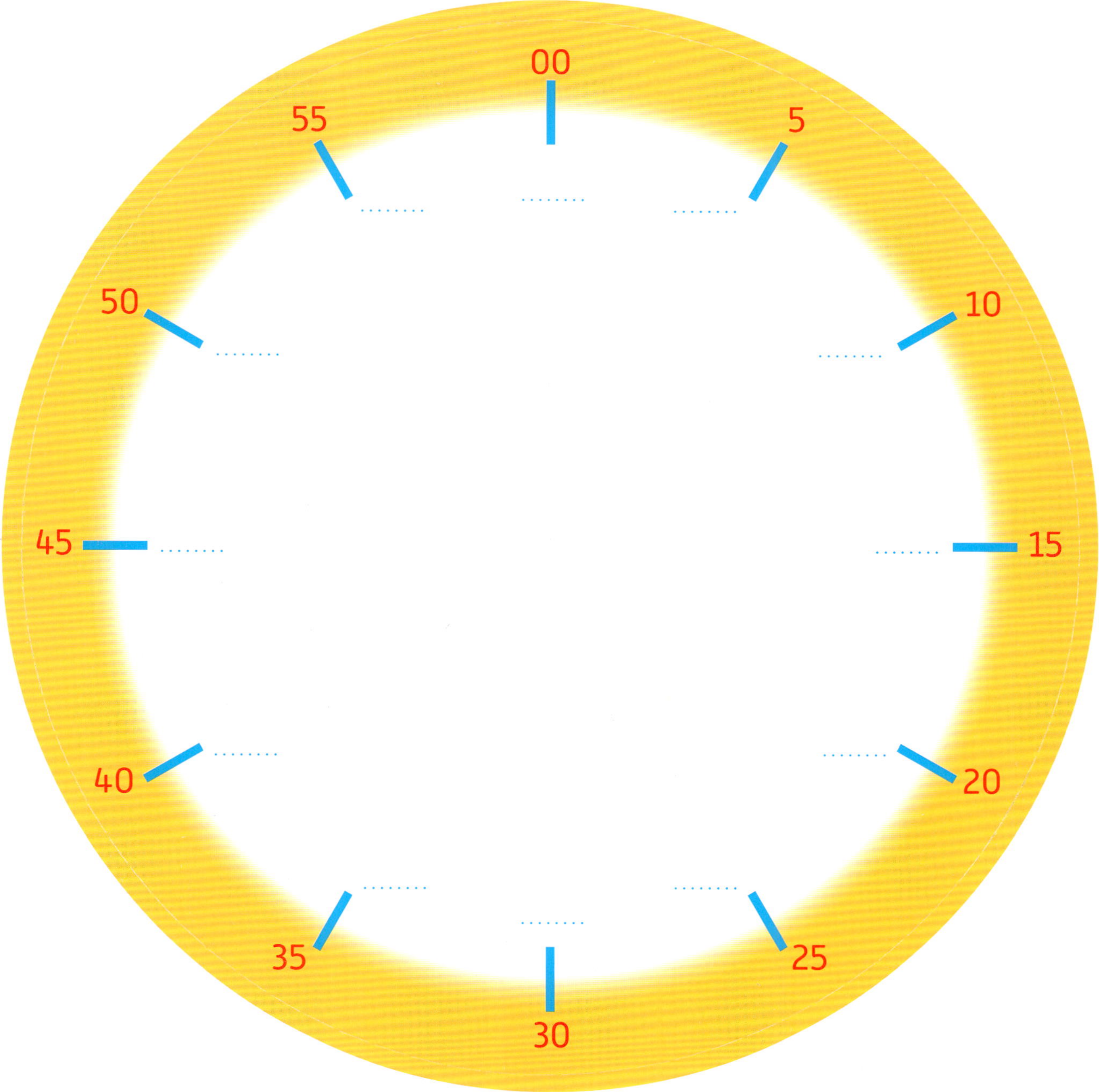

Puzzle géométrique